ボクが東電前に立ったわけ

3・11原発事故に怒る若者たち

園 良太

三一書房

はじめに

「やれることは全部やらないとね」――これは、「3・11」から1週間後、福島第一原発の爆発が続くなか、行動を起こそうと思ったときの率直な気持ちです。地震や津波は天災でも、原発事故と放射能汚染は人災だったからです。

3・11で自分の考えや生き方が変わった人はたくさんいると思います。あまりに危険な原発を推進し続けてきた今までの政治と経済のあり方や、真実を伝えないマスコミに疑問を感じたのではないでしょうか。2002年から若い世代の社会運動に関わってきた僕も、原発の問題についてはよく知りませんでした。3・11以後の事態に衝撃を受け、今、自分に何ができるのかを考え、東電や政府に原発事故の責任を取らせるために、東電本店前で抗議行動を始めました。その後、原発反対デモは日本中に広がりました。

この本は、3・11以降、東京に住んでいる僕が何を考え、仲間とともにどう行動してきたのかを記したドキュメントです。

第1章は、3・11直後の社会の激動とその問題点について。多くの人が被災し、東京も、電車や電気が止まって「非常事態」「自粛」のムードが高まりました。政府、東電はそれに乗じて原発事故の責任逃れと世の中の統制を始めました。僕は初めての事態に混乱しつつも、「おかしい!」と声を上げるために立ち上がっていきます。

第2章は、3月18日に東電前抗議行動を3人から始め、4月、5月とどんどん運動が広がる様子を書いています。東電前では多彩な抗議スピーチや音楽を展開。東電や経済産業省と直接交渉するなど、多くの成果と出会いを生みました。東京では高円寺の「原発やめろデモ」をはじめ原発反対のデモが拡大していきました。

第3章は、震災から3カ月後の6月11日、大成功した「脱原発100万人アクション」です。全国100カ所以上でデモや集会が行われました。東京では昼のデモのあと、新宿アルタ前広場に2万人もの人が集まり、広場を占拠して「原発反対」の歴史的な空間をつくり出しました。多くの人々が協力し合ってそれを実現させた過程を描きます。

そして第4章は、問題の根源と未来への展望です。原発はなぜ止められなかったのか。3・11を機に、日本の政治・社会構造の問題点が明るみに出てきました。問題の根は深く、しかも原発事故の被害は深刻化・長期化しています。しかし僕は、人々の抗議行動や助け合いの拡大のなかに原発廃止と社会を変える希望があると考えています。

最後に、本書が、長い労働争議を終え新しく出発する三一書房から出版されたことをたいへんうれしく思います。フリー編集者の杉村和美さんには、叱《しっ》咤《た》激《げき》励《れい》とアドバイスをいただきました。そして、本書で紹介した運動は、多くの人たちのアイデアと努力でつくられていること、僕の考えも多くの仲間との会話や文章から影響を受けていることを記し、そうしたすべての方々に深く感謝します。

本書が、動き始めた人々が大きくつながっていくきっかけになれば幸いです。

2011年8月10日　園　良太

目次

第2章　責任追及の声を上げろ！　3・18〜6・10

第3章　新宿・アルタ前広場へ！　6・11

第４章　原発を止める、社会を変える　６・12〜

3.11-3.17

第1章　自粛ムードを打ち破れ！

●14時46分　東日本大震災発生
●15時42分　福島第一原発1号機、2号機、3号機のディーゼル発電機が故障停止、全交流電源が喪失
●19時3分　枝野官房長官が「原子力緊急事態宣言」を発令。福島県対策本部から1号機の半径2㎞の住民1864人に避難指示
●19時30分　北沢防衛大臣は自衛隊に対して原子力災害派遣命令を発令
●20時頃　1号機でメルトダウン（後日、発表）
●21時23分　菅首相から1号機の半径3㎞以内の住民に避難命令、半径3〜10㎞圏内の住民に対し屋内待機の指示
●関東でも電気・ガス・水道がストップ。東京も電車と携帯電話の電波などがストップ

最初は地震の衝撃が大きかった

3月11日の14時46分、僕は東京の地元にいました。フリーターなのでこの日は仕事がなくて、美容院で髪を切ってもらっている最中にドシンと地震が来たのです。

最初の揺れのとき、店内では棚や台の上からバタバタ物が落ちてきました。でも、お店が1階にあったためか、あるいは建物がしっかりしていたせいか、その時点ではまだ地震のもたらした事態の深刻さについての実感はありませんでした。むしろ店の外で看板が落ちたり人が逃げ惑う姿を見て、これは大ごとだと感じたのです。店内にはテレビがあり、お客も店員もみな釘付けとなりました。それを見て震源地と被害の大きさがわかりました。揺れが収まったころを見計らって、ともかくカットを再開。2度目の大きな揺れが来たときには、カットはほぼ終わっていました。「まだ余震は続くのだろうか」などと思いつつ、店を出ました。

　東京の住宅街って、ふだんは道路に人がたむろしていることが少ないですよね。でもこのときは多くの人が家から外に出てきていて、そこらじゅうで人々がかたまって、地震のときの様子や不安を興奮気味に話していました。携帯電話で仙台の友人に電話をしましたが、電波が通じません。次に家族に電話をしましたが、これもつながらない。そこで、インターネットのｍｉｘｉやツイッターに「僕は無事です。みんなはどう？」と情報を出してから、家族のいる場所まで行って無事を確認しました。やはり11日は、原発のことより地震の衝撃が大きかったです。当時、僕は原発問題にはあまり詳しくなかったので、すぐには「地震＝原発が危ない」というふうに結びつきませんでした。家でテレビを見て初めて、地震被害の拡大と福島原発で事故が起きたらしいということを知ったのです。

　この日東京では、いっせいに電車が止まって多くの人が家に帰れなくなりました。僕が所属しているフリーター労組（＊1）のメーリングリストに、帰れなくなった人に

＊1　正式名は「フリーター全般労働組合」。フリーター（アルバイト）・パート・派遣・契約・正社員問わず、誰でも、一人でも加入できる労働組合。

電車と改札がすべて止まった"非常事態"のＪＲ新宿駅

向けて宿泊できる場所をまとめて投げてくれる人がいました。どこの施設が宿泊場所として開放されたかなどの情報です。それを自分のｍｉｘｉやツイッターに次々転載しました。ツイッターにはそうした情報があふれ始めました。なぜなら、携帯電話は使えなくなっても、携帯からネットにはつながったからです。震災直後からネットが活用されたことが、のちの原発反対運動や放射能対策の拡大につながりました。

僕は、10代後半から周りの人間関係や学校になじめなくなったことから、社会に疑問を持ち始めました。米国の「9・11」事件を機に、２００２年ごろから戦争、貧困、差別に反対するさまざまなデモや集まりに関わってきました。

２０１０年12月からは、沖縄県北部・高江への米軍ヘリパッド建設反対のデモや米国大使館への抗議行動をしていました。今年の２月４日から18日までは、知人にすすめられて、アフリカ西部のセネガルで開催された「世界社会フォーラム」（＊２）に参加。チュニジアからエジプトへ広がったアラブの革命の熱気を体現する人々がたくさん集まっていました。そこで日本の社会運動を紹介したり、キャンプで寝泊まりして交流をしてきました。その帰り、フランスのパリでもいろいろな社会運動団体や個人に会うことができました。こうした海外での出会いや大規模デモの体験は、社会運動と生き方が結びついた僕の考え方や行動の糧となっています。

帰国後すぐの２月20日には米国大使館へのデモを行いましたが、そこで友人２人が

＊２　新自由主義グローバリズムに異議を唱える草の根の人びとが世界各地から集まる場として、年１回開催。「もう一つの世界は可能だ！」を合い言葉に、戦争も搾取も抑圧も環境破壊もない世界の実現をめざす。

不当逮捕されたため、救援活動を行い、３月３日にようやく２人とも釈放されました。

こんなふうに２０１１年は年初から激しく動き続けていて、すごく疲れていたんですね。そんな状況で、３月11日を迎えたのでした。

新宿の街で感じたこと

みんなが職場から歩いて帰り始めていることや、さまざまな施設が宿泊場所として開放されたことを知って、これはその様子を見ておいたほうがいいなと思い、家を出て新宿駅をめざして国道を人波に逆行して歩いていきました。夜の８時か９時ごろです。僕は海外での経験や、２００８年末に東京の日比谷公園に開設された年越し派遣村を手伝い、野宿者や派遣切りされた人と寝泊まりした経験から、ああいう「自治・協同」の場に、もしかしたら新宿の街がなっているかもしれないなと思ったのです。

歩き始めてしばらくして目にしたのは、無言でひたすら携帯だけをいじりながらベルトコンベアの流れに乗ったように歩く人たちでした。もちろん人はあふれているので非日常空間なのですが、みんなバラバラな感じで、ひたすら携帯だけをいじっているというのは、日本の都市の風景を凝縮したような印象です。もし東京で大震災が起こったら、この人たちは助け合うのだろうかと、不安になったのを覚えています。

そんなことを考えつつ、10時ごろ新宿駅に着きました。新宿西口広場、東口の地下

帰宅できなくなり、新宿駅東口地下道で野宿する人たち

道、アルタ前、専門学校、都庁の1階といった開放された場所を歩き回ったのです。
ふだんは誰もが早足で通り過ぎていく新宿西口や東口の地下道では、スーツ姿の人たちが通路脇に一列に並んで座り込み、寝込んだり話をしたりしていました。疲れきった様子でカップラーメンをすすり、肩を寄せ合っている光景がそこかしこにありました。3月とはいえ、この日はだいぶ寒かったのですが、おそらくここで野宿した人の大半は、初めての野宿だったと思います。

都庁の1階ロビーは、帰れなくなった人のために開放されていました。ダンボールと毛布が配られ、新宿駅同様に多くの人が座り込んで寝たり話したりしていました。僕は、「なんだ、寝泊まりする場所はいくらでもあるじゃないか。東京都は、かつては野宿の人を追い払った（＊3）くせに」と思いました。

ここでも、人々の会話はあまりありませんでした。立ち入りできる場所とできない場所が区切られ、ここから立ち入り禁止という場所には職員が立っています。テレビが刻一刻と地震と津波の大惨事を報道していました。800～1000人の死体が浮かんでいますというような津波の映像の衝撃は大きく、そこにいた人は、毛布にくるまりながら不安そうに画面を見つめていました。

そうして街を歩き続けて感じたのは、みんな疲れきっていたのもあると思いますが、日本の人たちのおとなしさというか、現実をまず受け入れる、受け入れて何とかその

＊3　1996年1月、新宿西口広場にあった野宿者のダンボールハウスを、「動く歩道」設置のためという理由で東京都が強制撤去した事件をさす。

開放された都庁1階でダンボールを敷いて寝る人たち

場をやり過ごそうとする傾向でした。知らない人にどうするか相談する人もいなければ、飲食物を分け合おうと呼びかける人もいません。僕は何とか歩いて帰れる立場だったのであまりえらそうなことは言えないのですが、災害時であっても、見知らぬ人に声をかけたり情報を共有したり、ふだんと違う行動を起こすことにはならないんだなと、改めて思ったわけです。

また、目に見える暴力や略奪も起きませんでした。もちろんそれはよいことですが、災害時に不満がたまって暴発することはよくあります。最悪の例として、１９２３年の関東大震災のときに「朝鮮人が井戸に毒をまいた」というデマを国家権力が流し、官憲や日本人自警団による朝鮮人虐殺が起きました。今でも在日朝鮮人への差別は根強いです。でも現代では、そういうことをする人がいたとしても、すぐに相乗りして直接の「加害者」になるのではなく、多くの人が無関心に通り過ぎていくだろうなと考えました。もちろん、そういう犯罪行為を見て見ぬふりをするのも、「加害者」なのですが。

午前1時ごろになって、友人が新宿にいて帰れなくなり、歌舞伎町にいることがわかりました。その後彼と駅で合流し、今日一日で見たことや感じたこと、東京の街がどうしたら助け合いと人々の連帯の場になるか、などを話し合いました。そして、２時ごろにようやく動き出した電車で帰路についたのです。

動き始めた電車に乗り込む大勢の人たち

3.12

●13時5分　海江田経産相は記者会見で、原子炉格納容器の破損を防ぐため、1号機に関してベント作業（格納容器内の蒸気の放出作業）の実行を発表
●14時12分　原子力安全・保安院は、1号機周辺でセシウムが検出され、核燃料の一部が溶け出た可能性があると発表
●14時30分　弁の開放を実施した作業員1名が、1年間に浴びてもよいとされる放射線量の100倍以上に相当する106・3ミリシーベルトの放射線を浴び、病院に搬送される
●15時36分頃　1号機で水素爆発が発生。東京電力社員2名、下請会社の社員2名が負傷。半径20㎞圏内の住民に避難命令
●20時4分　1号機に海水注入開始。その後一時中断
●20時30分頃　菅首相が記者会見。「自衛隊を2万人から5万人へ。国難を国民の力で乗り越えよう」とアピール
●東京電力、管轄地域内での「計画停電」の実施を発表

無力化を乗り越えるために

12日は、東京・本郷の「ＨＯＷＳ」（＊4）という運動団体の講座で「若者が社会運動へ参加するには」というテーマで話をすることになっていました。朝起きて、念のため主催者に「今日も交通混乱が続くけど、中止ではないですよね？」と確認したと

＊4　正式名は「本郷文化フォーラムワーカーズスクール」。状況を変革するための思想と文化をつくり出そうとする青年・学生・労働者の共学の場。

ころ、「今だからこそやるべきだと思います」という返事でした。それで、早めに家を出て、予定どおり会場に行きました。講座に参加した人たちも、「電車が止まって大変だった」「今日、来られるかどうかわからなかったよ」と口々に話していました。

講座が終わったあと、打ち上げの場所のラジオで福島第一原発1号機で水素爆発が起きたことを知りました。まだその場に残っていた講座の参加者と、これはやばいんじゃないか、放射能はかなり遠くまで飛び散るらしいというような話をしたのです。それ以降、僕もマスクをするようになりました。

テレビでは、引き続き地震と津波の被害映像を流し続けていました。その合い間に、東京電力（以下、東電）や政府の記者会見が放映されます。そして、学者たちが登場して、「原発事故は想定外」「この事故の放射能は直ちに人体に影響しない」という大合唱を始めました。

地震にしても原発事故にしても、テレビの報道だけでは実態がよくわかりません。これは一人で見ていたのでは、何が起こっているのか判断するのは無理で、自分がどんどん無力になるなと思い、東京・四谷にある「自由と生存の家」（＊5）に行って、そこに住んでいる友達と一緒にテレビを見ることにしました。みんなで見て、それらの報道について話し合い、不安を打ち消さないといけないと思ったからです。

20時から菅首相の会見がありました。同じ時間帯に「原子力資料情報室」（＊6）が、

＊5　住まいを基盤とした支え合い運動の構築を目標に、フリーター全般労組が組織としてアパートを借り上げ、派遣切りや解雇にあって住居を失った人に低家賃で提供する活動。東京・四谷に自由と生存の家第1号がある。

＊6　脱原発を実現する市民の情報センターであり、非営利・独立の調査研究機関。1975年設立。故・高木仁三郎氏が代表を務めていた。

福島原発がいかに危険な状況になっているかをインターネットのユーストリーム生放送で解説。これを同時に見たのです。この二つを見比べることで、いろんなことがわかってきました。テレビでは政府の大本営発表。「大丈夫です」「直ちに影響はありません」「冷静に行動してほしい」の連呼です。一方、原子力資料情報室の解説は、これが大変な事態であることを伝えていました。今何が起こっているのか、今後どんなことが予測されるのかなど理路整然としていて、原発問題をよく知らない僕にもわかりやすいものでした。

今から思えば、このときの解説は、原発事故のその後を正確に予言していました。菅首相の会見よりも、危険を伝える原子力資料情報室のほうが誠実であることは、見ていればわかります。そもそも原発事故が起きて大丈夫なわけがない。だから、政府や東電が「大丈夫」と言えば言うほど、ウソ臭く思うじゃないですか。

このとき、本気で原発がやばいぞということと、政府はまったく対応ができていないこと、むしろ「大丈夫」「国民一丸となってこの危機を乗り切ろう」というプロパガンダ（＊7）を始めていることを認識したのです。

このテレビとインターネットの二つの会見を見た人は多いらしく、僕が入っているメーリングリストでも、みんな続々と原発事故問題についての書き込みを始めました。ツイッターやｍｉｘｉでは、原発事故のことに加えて、放射能から身を守るた

＊7　ある政治的意図のもとに、大衆を特定の思想・意識・行動へ誘導する宣伝行為。国策宣伝という意味で使われることもある。

めの情報なども流れ始めます。それにしても、インターネットの力は大きいと改めて思いました。

この日も電車が止まり、みな動けなくなっていって、緊急事態の様相が増していきました。街から人や明かりや娯楽が消えていきました。状況のひどさがわかっても、何もできない。移動もできない、外にも出られない、どうしたらいいかわからないという無力感がおそってきました。無力感とパニック状態が同時並行だったと思います。少なくとも僕や僕の周囲では。

予定されていた集会やデモが、続々と中止になっていったこともこれに拍車をかけました。実は3月13日にも、僕はイベントで前に述べた「世界社会フォーラム」の報告をすることになっていました。それで、前日である12日に、「明日は予定どおり開催しますか？」と尋ねました。主催者の知人も、「やりましょう。自粛ムードになっちゃって、批判的な意識がなくなってしまうのはまずいから」と言ったんです。それは、長年運動を続けてきた人の、経験からくる勘や確信なんですよね。そうした言葉や考え方に、僕は大きな影響を受けてきました。

あとで知ったのですが、僕がのちにたいへん世話になる「たんぽぽ舎」（＊8）は、この日の午後に、早くも東京電力本店への抗議行動を行ったのでした。

＊8　脱原発と、環境破壊のない社会をめざして多くの人々が出会える「小広場」として1989年から運営されている。原発問題についての学習会を常時開催。

column 1 情報被曝

「情報被曝」という言葉が最初に発せられたのは、3月17日に出されたフリーター労組の声明（52ページ参照）のなかでです。

「圧倒的な津波や火災のスペクタクル、圧力容器内の水位を伝える字幕の数々、御用学者の言う『直ちに健康被害はないレベルです』というコメント、これらの無限ループ映像（＊9）に曝《さら》される日々から抜け出そう。この『情報被曝』は私たちに『祈るしかない』という無力感を作り出し、今回の事態に責任を負うべき者や制度をあいまいにする政府・電力会社の言いわけへの同意を作り出している。」

この言葉に、僕はそうだなと思いました。

震災と原発事故が同時に起こって、電車は止まる、電気も止まる、放射能は飛び散るなかで、東京にいる僕たちの社会生活も大混乱しました。だけど、当然、福島、宮城、岩手ほど被害が大きくはないので、本当に何かしようと思えばできたはずです。でもできなかった理由は、テレビでいっせいに津波の映像や原発の爆発の映像が繰り返し流されて、それを見て精神的にショックを受けたり圧倒されたりして、釘付けになってしまったからです。同時に、原発事故の問題にはあまり詳しくないので、どう対処したらいいかや、事態の推移がわからない。そのため、3・11から数日間、テレビと

＊9　コンピュータ用語。プログラムが脱出できない繰り返し処理になってしまうことをいう。

インターネットの間の往復運動になっていた人は多いと思います。

現代の日本社会は携帯電話やインターネットが極限まで発達しています。それらは情報のスピードが速く、次々と緊急速報や不安情報が飛び込みます。テレビもどんどんそうなっています。それは私たちが処理できる量を超えており、感情ばかり刺激します。情報を追うだけで精一杯になり、いつしか見たくない情報を見なくなるのです。

3・11直後、僕らはこのテレビの「無限ループ映像」に呑み込まれたのです。そこでは、地震や津波の被害、原発事故などの報道が流れるだけでなくて、その合い間合い間に政府や東電の会見が放映され、菅首相は「この困難に国民一丸となって、頑張っていきましょう」などと、発破をかけます。3月12日には、「日本国民が試されている」という言い方をしています。何を言っているんだ！　原発事故は、いうまでもなく、これを推進してきた歴代自民党政権と、今の民主党、東京電力と経済産業省、そして東芝、日立、三菱、三井、住友といった財閥大企業の人間たちが、事故の危険性を訴える人たちの声を無視して原発を増やし続け、動かし続けてきた結果じゃないか。彼らがまずやるべきことは、「事故を起こしてしまい申しわけありませんでした」と謝り、原発を停止することです。ところが、それをまったくしない。事故を起こした責任者が指導者気取りで、「国民」の一体感を演出しようとしている。

メディアは本来、政府や東電が出す情報をそのまま流すのではなく、まずそれを批判しなければいけないはずです。「原発は安全だ」といって推進してきた責任を追及しなければならないのに、文字どおり垂れ流ししてきたわけです。批判意識のかけらもなく。

こうした映像を見続けていると、こちらも批判意識がだんだん磨り減ってしまいます。「ああ、そうなのか。政府や東電を批判するのはちょっと控えて、今はみんなで頑張らなきゃいけないときなんだ」と思ってしまう。3・11は、阪神・淡路大震災のときとは違います。人災である原発事故が起きているのです。にもかかわらず、知らず知らずのうちに震災も原発事故も何もかも混同し、意識操作がなされてしまいます。

外出ができなくなると、知人・友人との連帯も難しくなり孤立してしまいます。すると自分たちの関係性のなかにメディアが入り込んできて、主導権を握ってしまったのです。これは、日本社会全体の問題だと思うのですが、とくに東京はこれだけ人がたくさんいても、ほとんどみんなばらばらという状況がその後ずっと続きます。同時に、人はこの不安や不満だらけの現実を変える力を持っているにもかかわらず、その力が削《そ》がれ、抑え込まれてしまう。これが、「情報被曝」という状態です。

そもそもフリーターや派遣社員の非正規雇用が激増した現代は、人々が分断され、生活にも余裕がありません。疑問の声を上げたら「社会の問題ではない、自己責任だ！」と言われて抑圧を受けるし、自分でもそう思ってしまう。大学に入ればすぐ就職活動に備えるためにと、本来正解などない「コミュニケーション」に「能力」がつけられ、それが重視され、評価の対象にされる。日常のすべてが経済を効率よく回すことに使われるのです。これが２０００年代に日本社会を覆った「新自由主義」です。震災と原発事故で初めて無力化したのではなく、僕たちは日頃から抑圧を内面化しており、若い人ほどそれが顕著です。そしてテレビもインターネットも商業化されているので、現実を変えるよりもやり過ごすための活用にとどまってしまいます。

それを乗り越えるためには、テレビもインターネットもみんなで見ることです。そうすれば、一つの事象に対しても、いろんな違った視点から吟味できるし、今政府がやろうとしていることへの危惧や批判についても、共有することができます。もちろん信頼できる情報もデマもいろいろありました。あふれる情報のなかでどれを信用するかという問題、身体感覚の伴わない扇情的な情報が多い、という問題もあります。

僕の場合は、労働組合やいろいろな社会運動に関わっていたので、信頼できる仲間がたくさんいます。この人の発している情報なら信頼できるというのがありました。長年の運動の積み重ねや、政府への批判の視点があったり、生活感覚に基づく意見を聞くことができた。結局、人との関係性をつくっておくことが大事なのだと思います。

そして、「情報被曝」による被災から回復するということは、外に出て、現状を変える行動を起こすということです。僕はそれを、3月18日からやり始めたのです。

column 2 「逃げる」という選択肢について

「西のほうに逃げるということは考えなかったの？」と、ときどき聞かれます。なぜ、逃げなかったのか。それは、僕は東京生まれで生活基盤が東京にあったからです。友達のなかには避難した人もいましたし、それを非難する気はまったくないのですが、僕の場合は、逃げることよりも政府のプロパガンダに対する怒りのほうが上回ったからです。

実家が西のほうにあって、単純に地震と原発事故で生活基盤が崩壊していたなら、また違ったかもしれない。それに、子どもがいたら、違った行動をとっていたかもしれません。僕はまだそういう不安や制限が少なかったのです。

僕はずっと東京に住んでいるので、東京がどんな街で、そこで運動するということがどういうことなのかを常に考えてきました。まず、東京には国会、政府、霞ヶ関に代表される権力や大企業の本社、マスコミの本社が集中しています。今回のように何か問題が起きたとき、抗議をする場所がここにあるのです。同時に、最も電力や経済的豊かさの恩恵を受けている東京には原発はない。恩恵は受けるけれど、負担は福島や新潟の柏崎に押しつけている。それは、米軍基地を押しつけられた沖縄との関係も同じです。

今回の原発事故では、東京の僕たちも被曝した、被害にあったという認識はあります。でも、それ以前に、自分たちが福島の人たちに対してある種加害者の立場にあるという問題があります。だからといって、自分たちは電力を消費しているから、それを恥じて黙ろうということではない。ＪＲや地下鉄を乗り継げば、国会や東京電力本店の前に行けるのだから、行って抗議をすること、責任者への追及行動が、東京に住む人間の一番にするべきことじゃないかと考えました。とくに僕は、急速に挙国一致体制（30ページ参照）がつくられていくのを放置することのほうが、逃げないことの不安よりも耐えられなかったのです。

初期の段階が一番放射線量が高かったから、逃げずに東電前に立ち続けて放射能を浴び続けたことが唯一の正解だったとは思いません。逃げながら各地で抗議行動をするという方法もあるでしょうし。日本は島国だし、今の日本人は豊かさゆえに移民や難民になった経験がほとんどない。それで、移動に対する想像力を削がれているところもあるだろうなと思います。大陸とつながっていれば、もっといろんな国に行ってもやっていけます。本当は、大規模な社会の組み換えをするべきときだと思います。つまり、政治や文化や資本の中心を東京に一極集中させるのではなく、自治体レベルに分散すること。それも行政に上からやらせるのではなく、僕たちの側が自由に移動し新しい関係や場所をつくっていくことです。それが人の歴史でもありますから。

3.13 3.14

【3月13日】

●4時15分　3号機から燃料棒が露出

●枝野官房長官は記者会見で、「爆発的なことが万一生じても、避難している周辺の皆さんに影響を及ぼす状況は生じない」と発言

●アメリカ軍の原子力空母「ロナルド・レーガン」などが宮城県沖に到着。一連のアメリカ軍の大規模行動が「トモダチ作戦」と命名され、大々的に報道される

●日本政府も東京電力の計画停電を了承（東京は千代田区・中央区・港区が対象外）

【3月14日】

●7時50分　3号機が冷却機能を喪失

●11時1分　3号機が水素爆発。作業員と自衛隊員11人がけがが、1人被曝

●13時25分　2号機も冷却機能喪失に。海水の注入による冷却を開始

●23時39分　2号機の原子炉格納容器圧力異常上昇。2号機、3号機でメルトダウン（後日、発表）

●テレビは通常の番組を徐々に再開。民放各局ではACジャパンの公共広告を放映

まるで戦時中と同じ状況じゃないか

3月13日は「NO―VOX　持たざる者の国際連帯行動（＊10）」の集会で、セネガ

＊10　自らを「声なき者」「持たざる者」と自己規定した者たちによる運動

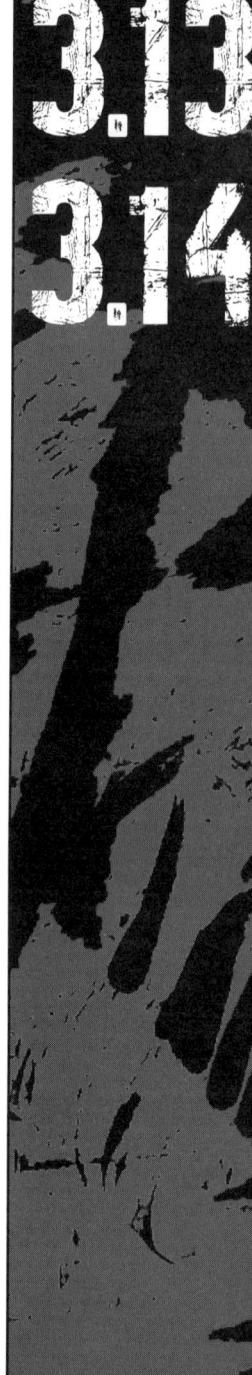

ル＆フランスの報告をしました。震災状況のなかでいろいろな運動をしている人たちが東京・高田馬場の会場に集まり、「持たざる者たちが助け合っていくにはどうすればいいか」という議論になったのです。山谷（45ページ注参照）で日雇い労働者の運動をしている人が、阪神・淡路大震災時に野宿者が排除され、それでも連帯して生き抜いてきた経験や、２００４年末のインドネシアのスマトラ島沖地震で政府や軍隊が横暴な振る舞いをし、それをやめさせるために市民のＮＧＯ（非政府組織）がどう介入したかなどが話されました。少人数でしたが、実りある議論になりました。

とはいえ、僕はそれまで原発問題に関する勉強も行動もしていなかったので、この時点では、どこに向けて何をすべきかはまだわかりませんでした。

でも、日を追うごとに福島原発の状況が悪化していき、3月12日、14日、15日と、爆発が起こりました。そうなると、爆発の衝撃や放射能への恐怖から仕事や学校へ行く以外はますます家から出られず、テレビに釘付けになったと思います。また、食料や水の買い占めも起きました。そのときまさに、まるで戦時中ではないかと錯覚するような現象がいっせいに始まっていったんですね。

それは3月12日夜の菅首相の会見から始まっていました。彼は、天災である地震と人災である原発事故を一緒くたにして、「未曾有《みぞう》の国難ともいうべき地震を国民の皆さん一人ひとりの力で乗り越え、『あのときの困難を乗り越えてこうした日本が生ま

の国際的なネットワーク。日本では、移住労働者・野宿者・非正規労働者との現場交流や「居住の権利」の問題などに取り組んでいる。

フランスの生きる権利の獲得をめざすデモ

れたんだ』と未来に言えるような取り組みをそれぞれの立場で頑張ってほしい」と呼びかけたのです。さらに、東電の担当者や原子力安全委員会の斑目《まだらめ》委員長までが、反省や謝罪をする前に東電社員や消防隊員の頑張りを称賛する。そして、ACジャパンのCMではいっせいに「思いやりや感謝の気持ちが大事」などと流し始めます。

僕はこれを見て、「責任者はお前たちだろう！」と、頭に来ました。そこには、責任逃れの問題とナショナリズム（＊11）を煽るという問題があります。「国難」という規定、「日本人の団結」という呼びかけ、「日本人は素晴らしい」という報道は、被災した外国人・在日朝鮮人や、原発で働く多くの外国人労働者を排除しています。しかも、原発事故の放射能は他国にも大きな被害を与えているから矛盾しています。非常時に権力者が愛国心を鼓舞するのも、戦前・戦中とまったく一緒だと思いました。

輪番停電も、「非常事態」という雰囲気を高めました。これらの動きに、僕は非常に危機感を感じました。あの戦争を起こしたこの国の権力・資本・メディアの体質は、66年経った今も、まったく変わっていないことが実証されたのです。今、こういう状況を変えなければいけない。そうしないと、福島で被曝したり避難を余儀なくされた人々にも顔向けができないと思うようになっていきました。

この時期に感じたことを、3月21日早朝の自分のブログに、「今こそ抗議が必要な理由」として、6点にまとめて書きました。

＊11　国家や民族の統一・独立・繁栄をめざす思想や運動。国内的にはその統一性を、対外的にはその独立性を維持・強化することをめざす。国家主義、民族主義。

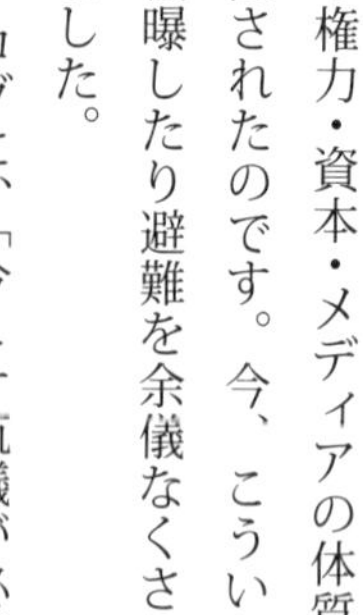

「がんばろう！日本　がんばろう!!福島」と書かれた旗（福島駅前）

1、事故や戦争の責任者が反省・謝罪をする前に「国民一丸となること」を呼びかける
2、震災や戦争を利用して「節約」と「軍事化」を呼びかける
3、原発作業員を英雄視する／特攻隊員を英雄視する
4、問題の根本を指摘する人に自粛を求める／「非国民」扱いする
5、他者への暴力、地方とアジアに原発を押し付ける／アジアを侵略する
6、現代特有の問題——「情報被曝」

本書では、30ページ～35ページ、41ページ～51ページに、この内容を詳しく書きましたので、参照してください。

自粛ムードに呑み込まれてはならない

3月12日、13日と、自分の出るイベントが中止にならず、しっかり開催されたことは大きな経験でした。メディアやネットでは、自粛ムードが広がっていたからです。

実際、この時期、多くの集会やデモが中止になりました。僕には、なぜ安易に中止するんだという苛立ちがありました。たとえば3月14日夜に、２００３年のイラク戦争の開戦日（3月20日前後）にあわせて毎年行われている集会とデモの会議がありました。アルバイトを終えて僕も参加しました。今年も3月19日に予定されていた反

最大５万人が参加した２００３年のイラク反戦デモ（東京）

戦デモと集会をどうするか話し合い、結局中止することになったのです。「今反戦デモを呼びかけても、それより被災者の支援をやるべきだと言われて共感が得られないだろう。交通事情も厳しいし」というような意見が出て、中止になりました。そのときは僕も、「確かに、ほかにやるべきことがあるのかもしれないな」と思い、「やるべきだ」と強く主張することはできませんでした。やはり、混乱と自粛ムードに呑み込まれていたのだと、今は明確に思います。

それに加えて、自分たちの運動の基盤の弱さや、社会に自分たちの主張が浸透していないのではないかという自信のなさの表れでもありました。何よりもイラク戦争というのは戦争を支持した日本も加害者なのだから、自分たちが別の問題で今被害者になったからといって、運動をやめていいというような問題ではありません。イラクではすでに劣化ウラン弾を落とされています。多くの人たちが被曝し、とくに子どもたちに白血病などの被害が出ていることが報告されています。戦争、貧困、差別といった社会的な問題、そして原発問題も、根っこの部分ではつながっています。だから、運動は問題を根本から追及するものでなければならないし、それぞれの運動が連帯することによって、社会を変えていかなければいけないのです。

集会やデモを中止する場合のアナウンスは、「交通事情と、放射能で外に出るのは危険な状況であることに鑑《かんが》み、中止します」というのが多かったです。でも実際には、

「時間は巻き戻せない 失った命は帰らない 核・原子力はいらない 3月20日 イラク開戦から8年目のこの日に Women in Black」

交通事情や放射能の問題よりも、運動の主体が声を上げられない状態になっていたところに真の問題があったのだと思います。こうした混乱は、日本の運動が長らく、自らが危険な状態に身を置くことがなかったことの弱さでもあるのかな、と感じました。僕自身もそうです。

もちろん、運動する側の人たちのみに問題があったということではありません。「自粛ムード」は、実は政府やメディアによる「沈黙の強制」であり、本来の意味で自粛とは呼べないものです。１９８８年～89年にかけて、昭和天皇が病気になり死亡したときにも、「歌舞音曲《かぶおんきょく》の自粛」が言われました。僕はそのころは子どもだったので、うっすらとしか記憶にありませんが、40代、50代の人は、そのときの状況と一緒だと言います。自粛しないと周囲から叩《たた》かれる。「こんなことしている場合か」という意見が矢のように飛んでくる。そんななかで中止することを、はたして自粛といえるのでしょうか。そうではなくて、半ば強制であり、「同調圧力」にほかなりません。

完全に人が自発的にやっていることなどなかなか存在しません。権力と資本の価値観、つまり国家と資本主義を是とする価値観が日常に深く根を下ろしている社会なのですから、みんな、多かれ少なかれその影響を受けています。そういう「圧力」や価値観を突き破って、どんなことでもやろうとすること、自由に意見表明や表現をすること、３・11直後の状況では、そういう考え方や行動が求められていました。

column 3　国民が一丸となることを呼びかける／挙国一致体制

すでに述べたように、原発事故の責任者たちが、「原発事故はたいした影響はありません」ということと、「みんなで一丸となって頑張りましょう」という二つのことをいっせいに言い始めました。菅首相も、枝野官房長官も、それ以外の人間も。

「原発事故の影響はたいしたことはない」と言うのは、主導権を自分たちが握っていたいからだと思います。彼らは、正しい情報を流したら、人々はパニックに陥ると初めから見下している。あるいは、正しい情報を知って人々が独自に動き出し、自分たちのコントロール下から逃れてしまうことを恐れているので、出さないのでしょう。情報を出して批判が高まると、自分たちが権力や利権を手放さなくてはならなくなる可能性があります。これだけの大事故なので、史上かつてない大規模な抗議行動が起こるかもしれないことを恐れ、情報隠しとあわせて、「国難にみんなで立ち向かっていこう」という呼びかけをしたのです。これは、権力者の常套《じょうとう》手段ですよね。

そして政府や東電は、現場の原発作業員を統括している人間や消防庁、自衛隊の人間たちを引っ張り出してきて、「今、隊員たちは必死の覚悟でやっております。誰も逃げずに頑張っています」と、英雄談を演出するのに必死でした。その涙の記者会見とあわせて、自衛隊や消防庁、警視庁の人たちが、現地で放水したり活躍する映像を延々と流していました。これも、権力者たちが自分の責任追及をされる前に、権力者と人々との間に本来ある対立線を隠蔽して一体感を出すという演出であり、常套手段です。

かつての戦争で、日本政府が人々の積極的協力を引き出すために打ち出したスローガンが「挙国一致、尽忠報国《じんちゅうほうこく》（天皇への忠義を尽くし国家に報いる）、堅忍持久《けんにんじきゅう》（どんな困難にも耐え忍ぶ）」でした。政府はこれを合言葉として戦意高揚を目的とする宣伝を強化していきました。こうした思想が浸透していくのと並行して、戦争批判をする言論・思想は圧殺され、農民運動や労働運動やその他の運動は解体され、やがて大政翼賛会へと行き着きます。

日本はアジアに戦争を仕掛け、数えきれない人びとを殺しました。そして国内でも、貧困にあえいでいる人とか、軍隊に動員された人とか、空襲や沖縄戦で亡くなった人はたくさんいたのですが、それらはすべて、「天皇のため」「お国のため」ということで、正当化されていったのです。批判の声は上げることができなくなっていました。

今回の原発事故で言えば、自衛隊や消防庁など収束作業のために投入された人たち（これ自体が大変な仕事でしたが）の向こうには、被害者である福島で農業や漁業を営む人たちや、自分たちの生活の場が放射能で汚染された地区の住民がいるわけですが、初期の段階ではそういう人たちの姿や怒りの声はまだ表に出ていませんでした。

まず、原発作業員（を統括している人）や自衛隊を前面に出して、その人たちの頑張る姿を映させて、「あの人たちは頑張っているんだから、批判は少し抑えよう」とか、「あの人たちが頑張っている＝政府も東電も頑張っている」という演出をしようとしたのだと思います。

そして、ナショナリズムが煽られていきました。ナショナリズムと対になっているのは、排外主義（＊12）です。「日本人ならできる」とか「日本人はどんな状況でも立ち上がる力がある」とか、日本人は力ある民族なんだという発言が、連日メディアにあふれました。海外のメディアが、「地震や津波が起きても、必死に耐えて頑張ろうとしている日本人はすばらしい」という報道をしたということも、強調して取り上げていましたね。でも、被災した外国人の存在を無視して一体感をつくろうとすることは問題です。「日本人の優越性」は、かつての戦争でアジアを侵略した際にもさんざん強調したことであり、他の民族や人種を見下し、支配し、殺すこととセットになりました。また、彼らのいう「日本人」のなかには、障がいを持つ人やセクシャルマイノリティなどの少数者が想定されているとは思えません。改めて、日本は同質性を強く求める社会だということを見せつけられて、愕然《がくぜん》としました。こんなふうにして一体感の強制が行われていったことと、被曝状況の広がりによって、自粛ムードが始まったといえるでしょう。

＊12　他民族・他国に対して、排斥的・敵対的態度をとること。

column 4

節電を呼びかける／「欲しがりません、勝つまでは」

3月14日から輪番停電が始まりました。しかし、その根拠はよくわかりませんでした。とりあえず福島原発の事故が起きたから始めるんだという感じでした。今もまだ福島原発は動いていないけれど、輪番停電はやっていません。結局、あれは何だったんだろうという疑問がぬぐえません。とくに千葉や埼玉、神奈川、茨城、東京・多摩地区に住んでいる友人たちは、東京の23区に住む僕に比べて、もろに影響を受けました。政治や経済には実害が及ばないように東京の中心部は残しておいて、周辺部からだんだん輪番停電をさせていきました。周辺部の人々の生活を犠牲にするというやり方でした。

そして夏には、「節電キャンペーン」を大々的にやりました。

節電をすることが、「被災者は大変だから、私たちも我慢しよう」と被災地への連帯意識のようなものへと誘導された面もあるように思います。それに、政府や東電への批判意識を高めて行動を起こす物理的な条件も損なわれてしまいます。

さらに、節電を呼びかけることで「欲しがりません、勝つまでは」という意識に訴えれば、責任者は責任を逃れて、個々人のライフスタイルの問題にすり替えることができるでしょう。でも、本当はそれは違います。大企業こそがオフィスや工場で大量の電力を使ってきたし、今も使っているのですから。まさに、経済活動のために原発を稼動させてきたわけです。政府や東電はどこまで自覚的にそれをやったのかはわかりませんが、日本は常日頃から、社会構造を問題にするよりも、そういった精神論や心がけの問題のほうが受け入れられやすい社会なので、節電の呼びかけは大きな効果を上げました。前の戦争のときだって、信じられないような精神論がまかり通っていたと聞いています。竹やりも魂を込めればB29や原爆に勝つ、というような。

あのときも、「欲しがりません、勝つまでは」とか「贅沢《ぜいたく》は敵だ」など、少し変えれば今でも使えるのではというようなスローガンを普及させ、国家が人々の生活や意識を統制していきました。当時の人々はこの巧妙なスローガンにだまされ、それを内面化してしまったのではないでしょうか。

戦争も、今の震災&原発事故も、いわゆる非常時です。そういうときに、節約を呼びかけるというのは共通しているのですね。節約自体は別に悪いことではないのですが、考えないといけないのは、誰が何のために呼びかけているのか、ということです。常に権力者が民衆に押しつけます。戦時は物資を軍隊へ優先して回し、兵器づくりに使うために。今回の場合は、あの原発事故を起こした政府、東電が、そしてメディアが一体になり、輪番停電と節約の呼びかけをセットにして、原発が止まるとこうなる、電気がないと不便だという意識を植えつけようとしたんですね。

いつ停電になるかわからないというのは、恐怖です。気持ちが萎《な》える。停電になったら帰れないかもしれないので出かけるのはやめようとなり、人々の足を縛ります。ある意味、「戒厳令」が敷かれたような、そういうメンタルな効果をもたらしました。

権力者は潜在的に、首都圏の人間が本気で立ち上がることをすごく恐れていると思うのです。人口が多いし、自分たちの足元にいるわけですから。福島や宮城、岩手などの被災地は、生活そのものの基盤を失っているから、生き抜くことで精一杯というところがあると思いますが、首都圏はそれほどの被害ではない。だけど、輪番停電などで気持ちとフットワークを萎えさせておけば、抗議行動もやりにくくなります。

僕にとって、これまでの社会や経済のあり方が破綻して矛盾が噴出したとき、権力者がどういうふうに統治するのかということと、メディアがそれをどう伝えるのかということ、そして、僕たちがそれをどういうふうに内面化していくのかはずっとテーマだったので、３・11直後の動きを見て、この問題に気づきました。

インターネット上で、「輪番停電の茶番」というのを指摘していた人がいました。福島原発に比べて発電量がはるかに多い柏崎原発がいっせいに止まったときでも、停電になんかならなかったということをデータに基づいて書いていたのに、メディアはそんな声は取り上げなかった。やはり、マスコミの報道姿勢は問われますよね。

3.15-3.17

【3月15日】

●午前、福島第一原発4号機から火災が発生。2号機が水素爆発で圧力抑制室が破損

●関東地方全域で高濃度放射線量が初めて観測された

●厚生労働省は、福島第一原発に限り、緊急作業に従事する労働者の放射線量の限度を年100ミリシーベルトから年250ミリシーベルトに引き上げ

●福島原発の事故に関し対策統合本部を東京・新橋の東京電力本店内に設置。菅首相は自ら本部長に就任すると発表

●避難指示を受けた福島県大熊町の双葉病院に残されていた重症患者146人を自衛隊が搬送。しかし、搬送中や搬送後に21人が死亡

【3月16日】

●防衛省は、即応予備自衛官および予備自衛官の災害招集命令を発令

●天皇は、被災者と全国民に向けて異例のビデオメッセージを発表

【3月17日】

●9時48分、3号機に対し、陸上自衛隊第一ヘリコプター団が計4回30トンの放水を行った。夕方からは警視庁機動隊の高圧放水車や自衛隊の各飛行場から集合した大型破壊機救難消防車等が放水

●食品規制が始まる。同時に、厚生労働省は食品衛生法上の暫定規制値を発表し、食品・飲料水内の安全基準を引き上げた

自分にできることはなんだろうと考えた

3月15日、初めてたんぽぽ舎が開いている講座に参加しました。たんぽぽ舎は、チェルノブイリ事故後の1989年から反原発の運動を行ってきた団体です（17ページ注参照）。3月11日の地震と原発事故を受け、15日、18日、19日、20日、21日と、緊急連続講座を始めていました。内容は、「現時点の福島原発事故の状況や分析と今後」「原発放射能の種類と防災対策・安全な逃げ方」などです。今回の事故が明確な人災であること、東電と政府の収束作業が間違いであり事態を悪化させていること、自分たちが長年指摘したことを東電は無視してきたからこうなったこと、自分たちも痛恨の思いだということなどが話されました。僕はこの講座に参加して、原発事故のもたらす被害の深刻さを初めて知りました。

テレビやインターネットでは日ごとに原発事故の報道が増え、自衛隊の活躍の様子と、原発作業員の事故収束作業にも注目が集まりました。原発作業員が必死の作業をしているという映像が大々的に流され、それを見た人がインターネット上で、次々と「本当に感謝したい」「頑張れ」「今、祈るような気持ちです」というような書き込みをしていました。それは、社会運動をやってきた人たちのなかからも出てきました。

こうした動きに対して僕は、「ちょっとおかしいんじゃないか」と疑問を感じました。原発作業員――現場の危険な場所で作業をするのはほとんどが下請労働者――

「たんぽぽ舎」の緊急講座（3月15日）

に作業を押しつけている問題と、彼らが英雄扱いされ、政府や東電の責任逃れに利用されている問題、そして、結果的に死を美化してしまっているという問題を感じたのです。

原発作業員がこれまでどんな悲惨な状況に置かれてきたかということを、フリーター労組の友人がメールで投稿し始めました。そして15日の夜に、フリーター労組の事務所で、そのことをきっちり言うための「声明」づくりが行われるというので、僕もその会議に参加しました。僕はこのときまで、原発作業員＝被曝労働者の存在と置かれている苛酷な状況について、ほとんど知りませんでした。この時点では、大多数の人が知らなかったと思います。その「声明」（52ページ参照）は3月17日未明にインターネット上で発表され、多くの反響を呼びました。

僕はその議論で問題意識を深めていき、行動を呼びかけようと考えるようになったのです。自分のブログやツイッターで、毎日発信していました。文章を書く合い間に、ユーチューブでザ・ブルーハーツの「チェルノブイリ」や忌野清志郎の「サマータイムブルース」を見つけて聴きました。80年代後半に反原発運動が盛り上がったときの曲です。震災直後、自粛ムードで街から音楽が消えていました。これらの曲を聴き続けることで、「とにかく街に出よう、声を上げよう！」という気持ちが自分のなかで高まっていきました。とくに、清志郎の「サマータイムブルース」のサビの〝電力は余ってる。いらねえ、もういらねえ！〟というシンプルな叫びに突き動かされました。やっぱり音楽には人を動かす力がありますね。

3月17日の夕方、「明日、東電本店前で抗議しよう」と決心しました。「声明」を書いたフリーター労組の友人2人に「明日空いてますか？」と電話して、集合場所と時間を決めました。事故後、政府と東電の統合対策本部が新橋の東電本店内に設けられ、菅首相も枝野官房長官も東電本店のなかで記者会見をしていました。まさに権力の集中している場所だったのです。責任を追及するのであれば、ここしかないと思ったし、震災から1週間経っても抗議行動がないのはおかしいと思ったからです。

17日夜に、インターネット放送の「レイバーネットTV」（＊13）が原発問題を報道するというので、スタジオに見にいきました。原発は政府や電力会社が国策として進め、反対の声を無視し続けてきたことを批判していました。そのとき撮影担当の松原明さん（＊14）がものすごい勢いで準備や撮影やコメントをしていました。その理由を聞いたら、「こんなときは、黙るのでも逃げるのでもなく、自分がやれることは全部やったほうがいいんだ」と話してくれました。本当にそうだなと思い、明日の東電前抗議のことを伝えました。僕にできることは何かと考えたら、今まで培ってきた街頭での行動と場づくり、責任者を追及する視点、人に呼びかける語りだと思ったのです。

自宅に帰って、東電前抗議の告知文を書き、夜遅くまでブログ、ｍｉｘｉ、ツイッタ

＊13　働く者の情報ネットワーク「レイバーネット日本」が立ち上げた、ユーストリームを使ったインターネットテレビ。「大手メディアでは、見えない、聞けない、話せない」ニュースをライブで伝えることをコンセプトとしている。

＊14　闘う国労組合員を描いた「人らしく生きよう―国労冬物語」などの作品で知られる制作会社「ビデオプレス」の代表。「レイバーネット日本」運営委員も務める。

「レイバーネットTV」スタジオ生放送（3月17日）

ーで宣伝しました。

＊　＊　＊

やれることは全部やらないとね。3／18、16時～東京電力に抗議！

もうやれるだけのことをやるしかないんだって思ったよ。運動ってか自分の真価が問われるというか、逃げても閉じこもってても全部追いかけてくるんだし、人の行動でしか未来はつくれないんだからさ。

まずはその1。あした東京電力前で、個人で抗議行動をすることにしました。フリーター労組の声明文に触発されたので（と言うと手前味噌になりますが……）。あと今日のレイバーＴＶも。トラメガでしゃべり、声明文を印刷して配らせてもらいます。時間のある方はぜひお越しください。思いをぶつけませんか？（もちろんＦ労の要求以外のいろんな言いたいことも、歓迎です）

★☆★☆（転送・転載歓迎）☆★☆★

◎３／18、東京電力への抗議行動の呼びかけ◎

日時：３月18日（金）16時、東京電力本店前に集合

呼びかけ：園良太（フリーター。http://d.hatena.ne.jp/Ryota1981/）

column 5

自衛隊・米軍の〝活躍〟が前面に／軍隊が社会の主導権を握る

米軍の「トモダチ作戦」と自衛隊の活躍は、一番わかりやすい戦前との共通点です。これは、軍隊が私たちの日常生活に入り込んできて、主導権を握るという構図です。3月11日に、北沢防衛相が、自衛隊数万人の投入作戦というのをまずぶち上げて、それに続いて米軍が「トモダチ作戦」という名前で協力するというのが出てきました。ほんとに、初めにオペレーションと存在誇示ありきですね。

節電と輪番停電の項（35ページ参照）で述べた「戒厳体制」の演出とあわせて、災害ボランティアでもなく、災害援助の組織でもなく、軍隊がメディアの前面に出てきました。しかし日本の人たちは、軍隊を軍隊と思わず、政府は批判しても自衛隊は批判しない傾向があります。災害援助や人助けの組織のように思っているので、現地で〝活躍〟している姿を映し出されると、みんな共感する。04年にイラクに自衛隊を派兵したときも、給水活動や教育支援をする姿を強調しました。でも、外国からみれば、とくに過去日本に侵略された国からみれば、まぎれもなく「日本軍」です。

米軍も自衛隊も、迷彩服を着ていました。災害援助に迷彩服を着る必要はまったくないのですが、それが彼らのユニフォームですから。戦闘のユニフォームです。それをおかしいと思う人は、今の日本社会では少ないでしょう。それだけ、自衛隊は軍隊じゃないという意識が浸透しているということです。

自衛隊と米軍とが一体となって現地に行って、道路を封鎖して自分たちの支配下にあるかのように振る舞いました。自衛隊は、最終的に10万人も投入されました。全国の自衛隊の半分くらいに当たります。彼らは、目的と意図がなければあんなに大規模に動かせません。これは、明確な軍事作戦です。あのころ、自衛隊が道路を封鎖したことによって、民間人がその地域に入れなくなりました。そうした活動は、まさに戦争の予行演習ともいえるでしょう。住民援助や住民避難も、軍隊が占領地で住民とどのように接するかという観点からの行動であり、イラクの自衛隊も行ったことです。

ふだんからさんざん「朝鮮や中国が攻めてくる」と煽っている人間たちが、他の場所の「防衛」を差し置いて、自衛隊の半数を1カ所に集めました。災害救助活動にも軍隊が使えるんだ、市民の味方の存在なんだ、と誇示していたと同時に、「朝鮮や中国の脅威」という見方がいかに空虚かも示しています。

3・11の直前、米軍は、沖縄基地問題で批判されていました。米国務省のケビン・メア日本部長が、沖縄の人々について「ごまかしの名人で怠惰」などと発言したのです。震災によってメディアのなかで沖縄問題がすっ飛んでしまった隙《すき》に、なんと米軍は、そのメアを「トモダチ作戦」の陣頭指揮に立たせたのです。２０１０年に普天間基地の沖縄県外移設の要求が高揚したことに危機感を持った日米政府は、震災と原発事故を米軍の必要性を訴える機会に利用し、イメージ回復を図ろうとしたに違いありません。

今回、自衛隊や米軍が人命を助けたことは事実です。でも、これまで日本では災害ボランティアをきちんと育ててこなかったため、頼れるのは軍隊しかいないのです。自衛隊は軍事作戦がメインの集団ですから、細かい被災者支援などはノウハウがなくてできません。軍事用より行政の水補給車のほうがより多く水を積めますし、瓦礫《がれき》撤去も軍のジープより行政のゴミ収集車のほうが役立ちます。軍事統制の結果、現地支援ボランティアたちは、４月半ばくらいまで被災地にほとんど立ち入ることができなかったのです。規制が解除されて、どっと入ったわけですけれど、「この規制は何なんだ！」とみな怒っていました。結果的に、軍隊が、人々の連帯や助け合いを妨害するということもあったわけですね。

もう一つつけ加えておきたいのは、自衛隊員も今、被曝したり、すさまじい死体の処理を押しつけられてトラウマになったりしているということです。そういう悲惨な現実があるのに、彼らの指揮を取っている人たちは、自らの責任を棚に上げて、「彼らを誇りに思う」などと言ってすませています。倫理的にも腐敗していますよね。自衛隊員の被曝問題やそのほか内部の問題というのはなかなか表に出てこないので、そこもちゃんと報道しろ、補償しろと言いたいです。

column 6 原発作業員を英雄視する／特攻隊員を英雄視する

　前にも述べたように、初期の段階では、原発事故の収束作業にあたる原発作業員が英雄視されました。そういうやり方を僕たちも批判しなければならなかったのですが、批判するよりは、受け止めてしまったり、同じように思ってしまった。とくに、インターネットにそういう傾向がかなりあって、彼らのことを「勇者だ」と言ったりするコメントがけっこうあふれました。

　それは、自分の無力感の反映です。自分は東京にいて何もできない、怯《おび》えていることしかできていない。なのに、彼らは身を挺《てい》して収束の作業を行っている。その対照的なあり方へのやましさだったりするのです。文字どおり「祈るしかない」、そう書く人が増えました。「頑張れ！」とエールを送る人もいました。

　最初にフリーター労組の友人らが問題にしたのも、そのことでした。政府や東電の責任を追及せず、自分たちの責任を見つめず、原発作業員に「頑張れ」と言うことが、いかに残酷で無責任なことか。そもそも原発作業員は、進んで収束作業に従事しているのではなくて、「させられている」のだということを確認すべきです。「誇り」でも「全うすべき職務」でもなく、指示があれば生活のためにやらざるをえない立場に立たされているから、しかたなく危険な作業に従事しているのです。

樋口健二さん（＊15）が、原発の被曝労働者を取材した本を多数出していますが、1980年代の反原発運動が盛り上がったころに彼の話を聞いたり本を読んでいた世代の人が、フリーター労組のメーリングリストに書き込みをしました。

たとえば、原発作業員の9割以上が地元の漁師の人とか、釜ヶ崎や山谷（＊16）から集められた日雇い労働者だということ。今は、外国人労働者、仕事にあぶれている都市労働者、都市の若い労働者もたくさん働いていること。彼らが、正しい知識も与えられないまま危険な状態のなかで作業をさせられていること、などです。そのことを改めて指摘して、事実として英雄でもなんでもなく、一番末端の労働者にしわ寄せがいっている問題だと訴えています。

被曝労働の問題について押さえておかないといけないのは、原発は、事故が起きたときだけじゃなくて、通常の運転をしているときも、被曝労働なしには動かないということです。

フリーター労組の声明を書いた仲間が、東電前抗議の初日に「原発があるということ自体が、人の死を前提にしているシステムなんだ。そんなものは最初から破綻しているんだ」と強調していましたが、なるほどなと思いました。やはり、被曝労働者の存在がずっと隠されてきたということも大きいですね。

しかも日本では、自己犠牲や、自己犠牲にみえる死を非常に美化する傾向が強い。

＊15　フリーの報道写真家。1970年代から原発とそこで働く労働者の被曝問題を撮り続けてきた。著書に『原発・1973～2011年』（合同出版）、『新版　闇に消される原発被曝者』（八月書館）、『新装改訂　原発被曝列島』（三一書房）など。

＊16　釜ヶ崎は大阪市西成区、山谷は東京都台東区・荒川区にまたがる寄せ場（日雇い労働者の滞在する場所）の通称。

戦争中も日本軍の特攻隊員になった若者は国家や周囲から英雄視されて送り出されましたが、実際には命令や同調圧力に逆らえず、「死にたくない」と言えなかったのです。今の日本も当時と構図が変わっていません。むしろ、最近ますますそうなってきているように思えます。

警察や海上保安庁を舞台にしたドラマや映画があふれかえっているのは、自己犠牲を描きやすいからです。それは、精神論を重視することと地続きで、自己犠牲的に取り組んでいることを無条件に称揚し、それを命令している責任者に迫れない傾向が強いと思います。そうした社会の空気が特攻隊員を死に向かわせ、人殺しもさせたのです。僕はおかしいと思う。これは「命令された死」です。

人は誰でも幸せに自由に生きることを望んでいます。原発作業員に「頑張ってください」とか「祈っています」と言うのは、結果的に彼らに死を強制することになる。問われているのは、僕たちの「殺すこと／殺されること」への感度です。大事なのは、助け合いながら生き延びていくことです。

僕らがしなければならないのは、原発をなくすための努力だし、被曝労働をしている人たちへの具体的な補償を求めることです。「現場の最前線には事故を起こした責任者が行け」と言わなければいけなかったのに、自己犠牲を美化することしかできなかった。特攻隊を生み出す構造が、現代に幽霊のようによみがえってきているのです。

column 7

問題の根本を指摘する人に自粛を求める／「非国民」扱いする

3月18日以降、僕は東電前で抗議を始めましたが、これに対して多くの反論がありました。「今は、政府や東電を批判するべきときではない」と。「みんな原発事故収束のために頑張っているんだから、それに歩調を合わせる方向で行動したりものを言ったほうがいい」というような意見が、運動をやっている人のなかからも出てきました。震災と原発事故の大きさを考えると、そういう気持ちになるのはよくわかるのですが、批判意識を持っている人たちがそこに乗っかってしまい、政府批判をやめてしまったら、まさに挙国一致体制（30ページ参照）になってしまいます。

自分たちが自由な表現活動を自粛するだけでなく、いちいち他人の政府批判を戒めようとするのは、かつての戦争で、戦争反対者を「非国民」扱いしたことと同じではないでしょうか。同じような立場の人間同士で神経を張りめぐらせて、誰が「非国民」かを選定しようとしている……。人間は、孤立のなかで常に強くいられるわけはないでしょうから、「非国民」扱いされ、自分の基盤が揺らいでしまったり、社会的に孤立してしまったり、結果的に食えなくなってしまったりすると、どんどん体制に迎合した意見に「転向」していくという状態になります。あの戦争のあと、異論を唱えなかったことを後悔する人もたくさんいたことを僕らは知っています。

今起こっているのは、まさにそういう動きだなと強烈に感じたので、こういう状況を変えなければいけない、政府批判、異論を出し続けないといけないと思いました。「頑張ろう日本」ではないことを言いたい、と。何が根本的な問題で、それをどうすべきかを語ることは、真の反省と被害者への補償のために必要なのに、まるで被害者を傷つけることであるかのように言われてしまう。これは本末転倒です。

「事態が落ち着いてから責任追及をすればいいじゃないか」という意見もありましたが、賛同できません。当初は、原発事故が長期化すると思う人が少なかったからかもしれませんが。仮に事態が落ち着いたとして、そのころには人々の関心が下がるに決まっています。なぜなら、1980年代、チェルノブイリ原発事故を受けて、何万人もの人が反原発のデモに出たけれど、時間が経ち、食糧が安全だと認識されたら運動が急速に下火になり、原発をなくすことはできなかったからです。

今回も事故が長期化し、関心が低下すれば、政府と東電は「もう放射能問題は大丈夫。これからはもっと安全な原発を」というメッセージを大量に流すでしょう。日常の忙しさに追われる私たちは、それに抗《あらが》うエネルギーが今より少なくなっているでしょう。だから、即座に行動しなきゃ、「頑張ろう日本」が持つ問題を指摘し、状況を変えていきたいと思うようになりました。

column 8　地方とアジアに原発を押しつける／アジアを侵略する

もともと僕は米軍基地に反対する運動をやっていました（65ページ参照）。沖縄という小さな島に、日本にある米軍基地の75％も押しつけていることに対して、東京の人間にも責任がある、それを引き受けて押しつけをやめさせるというデモを、去年からずっとやっていたんです。それが「新宿ど真ん中デモ」です。原発も同じで、東京電力の原発が福島や新潟の過疎地につくられて、そこでつくられた電力は、地元ではなく東京を中心とする関東で使っている。ほかの電力会社もみな同じ構図です。

原発政策は政府・資本が進めているわけですが、僕ら都市生活者にも責任の一端があると思います。自分たちが豊かなライフスタイルを享受することの代わりに、米軍基地や原発を地方に押しつけている。それによって、問題が見えにくくなるので、原発や基地が生み出す被害を意識せずに生きていられるのです。だから、それに反対する行動も大きくならない。

原発が地方を食い物にしながらつくられていく流れを見ていくと、基地問題と共通点があるなと思ったのです。僕は、原発事故が起こる直前まで、沖縄の高江に米軍のヘリパッド建設が強行されたことに対して、東京で反対運動をやっていたので、その問題ともストレートにつながりました。

それに加えて日本政府は、とくに民主党政権になってから、原発を海外輸出して、世界中に売ろうとしてきました。福島原発の事故が起きて以降も、日本政府はこれまでと変わらず海外輸出を推進し、「今後も日本は原発を進めていきます」と、他国の首脳との会談で言ったりしています。それも、フランスなどと協力しながら、インドとかベトナムとかタイとか、いわゆる南側（＊17）の国に押しつけようとしています。日本で原発が地方に押しつけられたのと同じように、タイやインドでも、その国の貧しい地方に原発を押しつけて、地元の人たちがそれに反対しているのに強行しようとしているのです。それは、世界中の米軍基地のあり方と同じです。日本政府や大企業が原発を海外に売ろうとするのは、日本のなかではこれ以上増やすのはビジネス的に限度もあるから、海外に輸出し、建設していこうというわけです。

日本がアジアにばかり原発を輸出するのは、経済の力関係において日本のほうが強いからです。それは、戦前に植民地支配と侵略をしていたことに由来します。戦後日本は、アジアへの賠償責任をアメリカの力で最小限に抑え込んだからこそ経済成長できました。そして、1960年代に水俣病などの公害が大きく社会問題化したのちも、大企業はフィリピンやインドネシアに公害を生む工場を移転することで批判を逃れ荒稼ぎを続けました。第二の侵略であり、戦前から現在へ問題はつながっているのです。

また、今も日本は放射能を世界中に撒き散らしている核の加害国でもあります。4

＊17　いわゆる「発展途上国」のこと。経済的に豊かな「先進工業国」は地球の北半分に多く、「発展途上国」は赤道から南半分にかけて多いことから、両者の間の経済格差の問題を南北問題と呼ぶ。

月4日、韓国や中国、ロシアなど近隣国の了解を得ることなく高濃度の放射能を海に垂れ流す、という事件が起こりました。日本は、国際条約（＊18）では船や飛行機からの汚染物の海洋投棄は禁止しているが、陸にある施設からの放出は禁止とは書かれていないと言って、それを正当化したのです。各国から猛反発を受けたにもかかわらず、謝罪も対処もしていません。こうしたことにもきちんと抗議をしていかなければならないと強く思います。

さらに、福島原発の処理のために、なんとモンゴルに核処分場をつくろうとしています。また、今もオーストラリアの先住民にウラン鉱石を掘らせています。

これを僕は、ブログで「他者への暴力」という言葉で書きました。痛みを他者に押しつけて、その責任を無視するあり方は、かつて日本がアジアに対して行った植民地支配と侵略に共通しています。その事実と責任を無視してきたからこそ、今また平然と繰り返してしまうのです。「国内では脱原発」「国外には原発輸出」というようなダブルスタンダードは許されません。

このような問題意識があったので、原発問題は日本国内の問題であるとか、自分たちが被曝したというだけではないということは、行動を始めたときから主張していました。原発の海外輸出への動きは止まっていません。今、ようやく原発問題に関心が高まっているからこそ、こうした現実も変えていく必要があると思っています。

＊18　ロンドン条約（廃棄物などの投棄による海洋汚染の防止条約）。国連海洋法条約では、海洋環境の保護や汚染防止のほか、汚染による危険が及ぶ国への通報を求めている。

【資料1】福島原発事故に関する声明

グスコーブドリのいないイーハトーヴはいらない

「想定外の事態」。このひとことで、数万におよぶ人々の死が合理化されている。数十万の人々を放射能被害にさらし、なお数百万の人の暮らしを破壊し続けている人災、そう、繰り返し言うが最悪の人災が僅かこのひとことで合理化されている。いま生じている事態は、なんら想定外のことではなかったはずだ。幾人もが、この事態を繰り返し予測し警告してきた。地震津波被害にともなう原子力発電所の激甚事故、水素爆発も炉心溶融も放射性物質の大規模な飛散も、反原発運動や原子力の専門家のみならず、多くの人々が指摘してきたことである。

被害は折り込まれていたのである。

東京をはじめとする大都市のエネルギー消費を支えるために、地方に住む数百万の人々は放射性物質の前に曝し出されている。地方の人々の暮らしを壊すことで、沖縄電力をのぞくすべての電力会社は安定した利益を確保し続けてきた。このビジネスを成立させるために、地域独占を許し原発建設に有利な法制度をつくりあげ、各電力会社を支援してきた日本政府も当然の責を問われる。電力各社と日本政府はいまそのつけを支払わなければならない。

日本政府と東京電力は、まず何よりもいま、福島原発で取り組まれつつ隠されている労働のすべてを子細に公開すべきだ。たとえば冷却水注入作業のために、誰がどこをどのように走り、管をつなぎ、バルブを開けたのか。放射能に汚染された飛沫を誰がふき取り、ふき取ることを誰が命じているのか。これは英雄譚を作り出すためではなく、そこで働く人々をグスコーブドリにして褒め称える醜悪さを私たちが克服するための要求だ。「数千万の命を救う」ために自らは決してしない仕事を、原発労働者に求めるおぞましいまでの冷酷さから私たちは遠ざからなければならない。死を強制される労働の拒否こそ私たちは支えるべきである。

いま私たちは「原子力被災者」になろうとしている。各地の原発で生命を危険にさらして働いてきた人々、爆発事故に伴う被曝で今後長期間にわたる健康リスクに向き合わなければならない人々の被災がまずある。だが原子力被災はこれにとどまらない。福島原発の爆発は、今後長期にわたって東北地方の農業に打撃を与え、安全な食料の価格を高騰させるだろう。都市貧困層は確実に食の安全から排除される。原発の停止によって電力供給が不足し、輪番停電が実施されているが、それに伴う事業所の閉鎖や休業が相次いでいる。都市貧困層はこれによる失職と賃金カットに見舞われ購買力を低下させるだろう。私たちは被災者なのである。

日本政府と全電力会社はすべての原子力発電所を直ちに停止せよ。

人の生命を貪るビジネスから撤退しろ。

東京電力はすべての原子力被災者に補償せよ。

被曝したすべての人々に今後の全健康被害を回復するまでの医療費と生活費を補償せよ。

原発事故のために閉鎖や休業を余儀なくされたすべての事業者の売り上げを補填せよ。

失業や休業、賃金カットに追い込まれた人々の損害を補償せよ。

直接の被害を受けずにいるすべての人々に私たちは呼びかける。圧倒的な津波や火災のスペクタクル、圧力容器内の水位を伝える字幕の数々、御用学者の言う「直ちに健康被害はないレベルです」というコメント、これらの無限ループ映像に曝される日々から抜け出そう。この「情報被曝」は私たちに「祈るしかない」という無力感を作り出し、今回の事態に責任を負うべき者や制度をあいまいにする政府・電力会社の言いわけへの同意を作り出している。いっときも早く、この「情報被曝」による被災から回復し、責任者を名指し追及することが必要であると私たちは考える。

フリーター全般労働組合
http://freeter-union.org/union/

２０１１年３月17日

【資料2】政府・東電・学者のトンデモ発言

◆渡部恒三厚生大臣
「原子力発電所をつくればつくるほど国民の健康は増進、長生きし厚生行政は成功していくのではないか」（1984年1月5日）

◆枝野幸男官房長官
「最悪の事態を想定しても、（旧ソ連の）チェルノブイリと同じ状態にはならない」（3月11日）
「チェルノブイリ原発事故と違い、事故による直接的な健康被害は出ていない」（3月14日）
「一定期間内にしっかり対応できれば問題点は解消できる」（4月12日）

◆原子力安全・保安院　根井寿規審議官
「とりあえず給水を継続すれば大丈夫だと認識している」（3月13日）

◆石原慎太郎都知事
「日本人のアイデンティティは我欲だ。この津波をうまく利用して我欲を1回洗い落とす必要がある。これはやっぱり天罰だ」（3月14日）

◆日本経団連　米倉弘昌会長
（福島第一原発の事故について）「1000年に一度の津波に耐えているのは素晴らしいこと。原子力行政はもっと胸を張るべき」（3月16日）

◆長田義明大阪府議会議長（自民党）
「大阪にとって天の恵みというと言葉が悪いが、本当にこの地震が起こってよかった」（3月20日）

◆長崎大学　山下俊一教授
「放射線の影響は、実はニコニコ笑ってる人には来ません。クヨクヨしてる人に来ます。これは明確な動物実験でわかっています」（3月21日）

◆岡田克也幹事長（民主党）
（農産物の出荷停止や摂取制限の目安となる放射性物質の基準値について）「少し厳格さを求めすぎている」（3月27日）

◆東電顧問・元参院議員　加納時男
「低線量放射線は体にいい」（5月5日朝日新聞）

◆東大病院の放射線医師　中川恵一
「放射線被曝のリスクは、他の巨大なリスク群の前には『誤差の範囲』といえる程度だ」（5月25日毎日新聞夕刊）

◆東京都下水道局
（大田区の汚泥焼却灰から1kg当たり約1万5000ベクレルの放射性物質が検出されたことについて）「周辺環境への影響はない」（6月24日）

◆高木義明文部科学相
（福島市の子ども10人の尿から放射性物質が検出されたことについて）「直ちに健康に影響が出るというものではない」（7月1日）

◆海江田万里経済産業相
（福島原発事故後の収束作業に関連して）「現場の人たちは線量計をつけて入ると（線量が）上がって法律では働けなくなるから、線量計を置いて入った人がたくさんいる」「頑張ってくれた現場の人は尊いし、日本人が誇っていい」（7月23日テレビ東京）

第2章　責任追及の声を上げろ！

3.18-6.10

3.18-3.26

【3月18日】
●自衛隊の消防車と東京電力の協力企業社員が操作する在日米軍提供の消防車を使い3号機に放水。19日、20日も大規模な作業が続く
●「埼玉スーパーアリーナ」「東京武道館」「味の素スタジアム」などに福島・双葉町、浪江町などからの住民が集団避難
●この週末、スペイン、フランス、ポルトガル、ドイツ、トルコ、ブルガリア、スイスなど世界各国で反原発デモが行われた
◎第1回東電前アクション（16時〜）
【3月20日】
◎第2回東電前アクション（13時〜）
【3月21日】
●福島県産の原乳、茨城県、福島県、栃木県、群馬県産のホウレンソウ、カキナなどから食品衛生法上の暫定規制値を超える放射能が検出されたことを受け、菅首相が出荷停止を指示。枝野官房長官は「今回の出荷制限の対象品目を摂取し続けたからといって、直ちに健康に影響を及ぼすものではない」と発言
◎第3回東電前アクション（13時〜）。ライブ演奏が始まる
【3月22日】
●東京都葛飾区の金町浄水場で、水道水から210ベクレル／kgの放射性ヨウ素131が検出。
【3月23日】
●福島原発から16㎞離れた地点の海水から安全基準の16・4倍の放射性物質が検出

●内閣府原子力安全委員会は、緊急時迅速放射能影響予測ネットワークシステム（SPEEDI）を使った試算を事故後初めて公表。12日間の放射性ヨウ素による内部被曝線量が、福島第一原発から50㎞離れた福島県伊達市やいわき市でも100ミリシーベルトに達する地域がある可能性があると発表
◎第4回東電前アクション（14時〜）
【3月24日】
●福島県須賀川市の有機栽培農家が自殺。キャベツの出荷直前だったが、前日に福島の野菜の摂取制限が出されていた
●3号機でケーブル施設をしていた下請会社の作業員3人が被曝。うち2人は、くるぶしまで水に浸かっていた
◎第5回東電前アクション（15時〜）
【3月25日】
●枝野官房長官は半径20〜30㎞圏内の住民に対しても自主避難を要請
◎第6回東電前アクション（14時〜）

東電前アクションは3人から始まった

東電前アクションの第1日目は、16時に都営地下鉄内幸町駅に集合し、3人で東電本店に向かいました。ところが東電側の歩道を歩いていたら、いきなり警官に囲まれ阻止されたのです。すでにすごい警備体制が敷かれており、東電前の歩道では抗議行動はやらせない方針だと気づきました。警官と押し問答になりましたが、結局排除されて向かい側の歩道で行動を開始しました。

ただ、東電の向かい側は曲がり角のところで歩道が広くなっていて、そのスペース

にうまい具合いに人が200～300人くらい溜まれるようになっていたのです。そこに横断幕を広げ、フリーター労組の声明（52ページ参照）をチラシにしたものを配りながら、交代でハンドマイクを使って抗議を始めました。僕は、東電本店のなかには権力の中枢とマスコミ各社がいることを意識して抗議しました。さらに、友人が徐々に合流してきて、最後は12人になりました。

僕は、もともとどうしたら日本で運動が広がるかを考え、デモや街頭宣伝で呼びかけ続けていたので、「外に出てきて一緒にやろう」と語りかける経験がありました。それが生きたのかなと思います。呼びかけのポイントは、第1章で書いたようなことです。まず、自分たちが「情報被曝」の状況に置かれていて、それを利用して責任者が責任逃れをしていること。福島第一原発でこんな大事故が起きているのに、政府はほかの原発も止めようとはしていないこと。また、原発の問題は米軍基地ともつながっていて、東京が地方に押しつけてきたこと、などです。だからこそ私たちは、そういう現状を変えるために行動したほうがいいんだというようなことを訴えました。

その声を聞きつけた市民メディア「岩上チャンネル」（＊1）の人が東電本店から出てきて、ユーストリームで生中継をしてくれたのです。これは大きかった。東電本店の2階に記者会見場ができており、マスコミやフリージャーナリストがたくさん集まっていました。会見と会見の合い間は手持ち無沙汰《ぶさた》で、大手マスコミが退屈そうにし

＊1　岩上安身氏主宰のＩＷＪ（インディペンデント・ウェブ・ジャーナル）のユーストリームチャンネル。３・11以降、反原発報道に力を入れている。

ているだけ。それで、フラストレーションが溜まっていたところに、下から声が聞こえてきたので、これは取材しなきゃと思って下りてきたそうです。

その生中継をインターネットで数百人もの人が見てくれました。まだ抗議行動のない時期だったので、それを見た人に「こういう人たちがいるのか。こういうことが問題なのか。こういう行動をしたほうがいいんだな」とわかってもらえ始めたのではないかと思います。僕も、多くの人が中継を見ていることを意識して、「みんな東電前に出てきて一緒に抗議をしてほしい」ということも頻繁に呼びかけるようにしました。

僕には、言うべきことを言ったという解放感がありました。このときは、やれる範囲でやろうと思っていたのです。家に帰ってインターネットを見てみると、ユーストリームのサイトにはかなりの書き込みコメントがあり、ずいぶん反響があることがわかりました。責任は東電と政府にあると言ったら「そうだそうだ」、無力にならず今立ち上がる必要があると言ったら「自分も行きたい」、今後もやると言ったら「頑張れ」という具合いです。

翌日には、3月20日から3日連続の抗議をすることに決めました。エスカレートする政府のプロパガンダを打ち破りたい気持ちからです。みんなが置かれている無力感に、いてもたってもいられなくなったのです。たんぽぽ舎でまた連続学習会をやっていたので、そこで「東電前で3日連続の抗議をするから来てください」と呼びかけさ

大量の警察が東電を守るなか、抗議行動開始

せてもらいました。学習会には多くの人が参加していて、それまで面識がなかった人のなかにも、「自分も行くよ」と言ってくれる人がいました。そのうちの一人に、福島出身で、今も家族が福島に残っているという女性、Aさんがいました。

3月20日の第2回目の抗議行動には、最終的に15人が集まりました。1回目のときに生中継してくれた市民メディアの人が、この日も生中継をしてくれました。僕は一人で1時間半くらい抗議しました。福島出身のAさんは、「人、海、動物、植物の命を奪う原子力発電所はいらない」と書いたプラカードを持って東電本店側に行こうとして、警察に力づくで排除されました。しかし、彼女はあきらめず、何度排除されても東電本店の前へ行こうとして、そのたびに警察ともみあっていました。彼女は、「福島にいる家族が心配で眠れない」と叫んでいて、東電や政府に対して本当に怒っていたのです。初期のころは、僕も含めみんな非常に切迫感がありました。福島に取り残された家族や友人を思っての不安、事故の責任者に対する怒りなどを、各人が吐き出していたのです。

僕は家に帰ってから、次の日の行動への呼びかけ文を、メーリングリスト、ブログ、ｍｉｘｉ、ツイッターなど、ありとあらゆる手段を使って広めました。ユーストリームの視聴者が１０００人を超え、ブログコメントが増えるなかで、「今は抗議をするときじゃない」という意見が出てきたので、書けるときに考えをまとめようと思

3月20日、東電前に徐々に人が増え始める

い、3月21日のブログに、この本を出すきっかけになった「今こそ抗議が必要な理由」（26ページ参照）という文章を書きました。

3月21日は冷たい雨が降ってきたので、東電向かいのビルの玄関のひさしの下や山手線のガード下で、4人でやり始めました。すると、「ユーストリームを見た」という人が初めて、何人か来てくれたのです。正直、うれしかったです。体が温まる飲み物をみなで分け合いながら、代わる代わる抗議をしました。東電本店内での記者会見の時間に合わせて外からマイクで質問したりと、思いつく限りのことをやりました。この日、「これは広がるかもしれないな」という予感がしたのを覚えています。

翌日もやる予定でしたが、福島出身のAさんから「雨の影響で非常に放射線量が高くなっているからやめたほうがいい」という助言を受けて、結局取りやめることにしました。ずいぶん悩みましたが、放射能のことを問題にしているのに、自分たちがわざわざ大量被曝してまでやるのはよくないということになったのです。

そのころ、僕らは放射能からの防護のために、レインコートを着たりマスクをしたりしていました。だけど、インターネットの生中継で自分が見られていることを意識していたので、ハンドマイクで話すときはマスクを外していました。マスクをしてしゃべっているのはちょっと怪しい感じですからね。そういう意味では、体を削ってやっていました。顔をさらしていたことと、「呼びかけ：園良太」と個人の名前を出し

3月21日、雨のなか4人でスタート

ていたから、団体主催の抗議行動よりも身近に感じられて初めての人にとっては参加しやすかったと思います。

海外のメディアで報道される

僕らは、政府・東電への抗議とあわせて、「メディアは東電2階から下りてきて取材してほしい」と呼びかけ続けました。すると、海外メディアの記者が下りてきてくれました。3月20日には、スペイン、フランスのメディアが、21日には、台湾のメディアと米国のCNNが、24日にはドイツ国営放送（ZDF）が取材してくれる、という具合いです（ちなみに、日本のメディアで最初に取材に来てくれたのは、「東京スポーツ」でした）。

欧米では、原発事故など何か問題が起こったら人々が責任者や政府に対して抗議するのは当たり前のことなので、日本の人が抗議している映像を撮りたかったのでしょう。そして彼らからは必ず、「なんでこんなに抗議する人が少ないんだ？」と聞かれました。僕は「日常に抗議運動が根づいていないから。また今はとくに、政府とマスコミが真実を伝えないからだ」と答えました。日本のメディアが運動を報じないことはわかっていましたから、まず先に海外メディアにとり上げてもらおうと考えたのです。それで、ブログでは「英語のできる人がいたら来てください」と呼びかけました。

海外メディアによる取材

23日、24日、25日と少しずつ参加者が増え、ネット上でも抗議行動を支持する意見が広がっていきました。さらに、1980年代から反原発運動に参加していたミュージシャンの生田卍《まんじ》さんや東電批判の替え歌を歌うジョニーHさんも来てくれ、ライブが増えました。24日には友人のミュージシャンのさっちゃんが「自分も歌で東電前抗議をやる！」と呼びかけ、彼女の主催となって表現や人の幅が広がりました。

また、意見のある人や手伝える人は集合1時間前に集まってくださいと呼びかけ、集まってくれた人たちが車座になって自己紹介をしたり、進め方について相談したりするようにしました。終了後の交流会も始めました。ゼロからのスタートだったので、そこに居場所をつくり、集まった人同士がつながれる場にすることを意識していました。その間、たんぽぽ舎が準備や交流会に事務所を使わせてくれたのは、ありがたかったです。彼らは身軽に抗議する僕らを応援してくれました。

このころ、野菜や海産物から放射能が検出され、被害の拡大・深刻さを痛感させられました。そうした情報に触れるたびに、政府や東電への怒りが増していったのです。さらに、ドイツをはじめ欧州中で反原発デモが広がったことにも刺激を受けました。ドイツでは3月26日に全土で計25万人のデモが行われ、その力は原発を推進していたメルケル首相に停止を決断させました。こうした状況のなかで反原発の声を上げる機運が高まっていったのだと思います。

3月24日、東電前で抗議ライブ

column 9

これまでの運動の経験が活きた

２００８年10月26日、当時、自民党政権最後の首相だった麻生太郎の家を見に行こうというイベントがありました。僕が関わっているフリーター労組や「反戦と抵抗の祭〈フェスタ〉」（＊2）実行委員会が企画した「麻生邸リアリティツアー」です。麻生氏は、リーマンショックで大量の派遣切りが起きているのに「自分は62億の豪邸に住んでいる」と豪語していました。そんな人間に私たちの生活がわかるのかということと、貧困と戦争の責任を追及しようということで、まずは彼の家を見にいくことになりました。

彼の家は渋谷の繁華街の近くにあるので、当日僕たちは渋谷駅に集合しました。40人くらいが集まり麻生邸をめざして歩き始めてすぐ、先頭で歩道を歩いていた僕に公安警察が体を絡めてきて、押し倒されました。日本ではデモを行うときは事前に警察に届け出をすることになっています。しかし、僕たちは歩道を歩いていたからデモではなかったわけですが、「集団で歩いているからデモだ。デモの届け出をしていないから東京都公安条例に違反している」として、まず僕を無理やり逮捕したのです。続いて、それに抗議した二人の仲間の体を警察が押し倒し、「公務執行妨害」扱いで逮捕しました。もちろん二人は何もしていません。公安警察が、「首相の自宅前で抗議

＊2　２００４年、イラク反戦運動を闘ってきたさまざまなグループが経験を交流し、ともに考え、行動する場をという目的で始めた反戦イベントとデモ。毎年秋に開催。

行動などをされたら、警察の恥だ」と考えたのでしょう。このとき、「あぁ、警察というのはこういうことをするんだ」というのが、書物のなかや頭だけでなく体に刻み込まれたのです。

そして、僕は12日間渋谷警察署に勾留《こうりゅう》されましたが、検察は起訴できませんでした。留置されている間、いろんな人が救援のために動いてくれたし、全国の多くの人が抗議の声を上げてくれました。この経験を通して、メディアでは報道されないけれど、政府・権力を批判する運動に対する不当な弾圧は、ずいぶん前からあるんだということを知りました。同時に、人とのつながりを物理的に実感しました。このまま終わらせるわけにはいかないなと思ったので、「麻生邸リアリティツアー国家賠償請求訴訟」というのを始めました。国と東京都（警視庁）を相手取って「不当逮捕を認め、謝罪し、損害賠償をしろ、公安条例を撤廃しろ」と訴える裁判です。

アフガニスタンやイラクへの米英日の侵略戦争に対する反対運動や、不当逮捕されるという体験をして、僕のなかで権力に対する批判意識が強まっていきました。権力には迎合しない、僕たちと彼らの利害は対立している、そういう考えを持つようになっていったのです。

２０１０年4月、沖縄の米軍普天間基地を県外に移設するかどうかが大きな問題になったころからは、沖縄の米軍基地に反対する「新宿ど真ん中デモ」を始めました。

沖縄に米軍基地を押しつけるなという声を東京から上げようというものです。

麻生邸リアリティツアーでも、街頭で周りの人たちに参加を呼びかけていましたし、「新宿ど真ん中デモ」は、まさに街なかでのデモです。街頭での行動は、なるべくそれを参加者みんなで平等につながりながらやる。誰か一人中心メンバーを立てるのではなく、みなで助け合ったり、役割分担したり、幅広く連帯したり、いろんな人に声をかけて集まる。街頭は、そういうことがしやすい開かれた場所なので、そこにこだわる運動をしてきました。

社会を変える方法として、選挙などの間接行動と、街頭デモや責任者に対する抗議行動などの直接行動がありますが、僕は、直接行動の力をもっと重視すべきだし、その解放感や楽しさ、世界を変える力をもっと多くの人に知ってほしいと思っています。

そういう問題意識の継続と、行動の積み重ねと人間関係があったからこそ、東電前での行動もできたのです。そうでなかったら、単発で終わっていたと思います。まず、今までの行動で出会った仲間が来てくれた。そして実際にやってみて、これはもっともっとできるなという感触を得て、集まった人のやりたいこと、やれることを、既成の概念にとらわれず何でもやってみようということでやっていきました。結局、不当逮捕の経験も含め、これまでの運動の経験とそのなかでつくってきた人間関係がベースとなって、東電前アクションは大きな運動へと発展していったのです。

2010年4月～
「新宿ど真ん中デモ」

2010年5月30日、普天間基地を押しつける「日米共同声明」への怒りのデモ

新宿アルタ前広場に集合＆ゴール。出発前にライブを開催！

巨大横断幕。東京の私たちも沖縄に基地を押しつけている、やめさせよう

2008年10月26日
「麻生邸リアリティツアー」

渋谷ハチ公前広場から麻生邸に向けて出発。「62億ってどんなだよ」

途中でいきなり突入してきた警察に押し倒される

センター街の交番に連行される

Photo by ムキンポ

3.27-4.9

【3月27日】
●2号機の溜まり水から通常の原子炉の水の約1000万倍の濃度に当たる2・9ギガベクレル/ccのヨウ素134が検出
◎東京の銀座から東電本店前を通る反原発デモに1200人参加
【3月28日】
◎第7回東電前アクション（15時半〜）。300人が参加
●東京電力は、3月21日と22日に福島第一原発敷地内で採取した土壌からプルトニウム238、239、240が検出されたと発表
【3月30日】
◎第8回東電前アクション（18時〜）。東電に申し入れ。200人が参加
◎高円寺「4・10原発やめろデモ」の告知開始
【4月2日】
●2号機で取水口付近の電源ケーブル用ピット内に亀裂を発見。この亀裂から、海に大量の汚染水が流れ込んでいることが発覚
【4月3日】
◎第9回東電前アクション（14時〜）。東京電力本店と経済産業省への抗議に400人参加
【4月4日】
●東京電力は約1万1500トンの汚染水の海への放出を事前予告なしで開始
【4月5日】

●2号機ピット付近で4月2日に採取した海水から、濃縮限度の750万倍の放射性ヨウ素131などが検出されたと発表
●米海兵隊の核兵器、生物兵器、化学兵器などの対応を専門とする特殊部隊、CBIRF（シーバーフ）の隊員約150名が横田基地に到着。陸上自衛隊の中央特殊武器防護隊との連携を開始
【4月7日】
●斉藤和義の反原発ソング「ずっとウソだった」がユーチューブに投稿され、大きな話題を呼ぶ
【4月8日】
◎第10回東電前アクション（18時〜）。東電から申し入れの回答を受け取る
【4月9日】
◎第11回東電前アクション（14時〜）

大きくなっていく反原発運動

東京では、3・11以前から「再処理とめたい！首都圏市民のつどい」（＊3）が、毎月第4日曜日に反原発の定例デモを行っていました。青森県の六ケ所村再処理工場（＊4）に反対するデモです。毎回参加者は20〜30人。今では信じられないような少人数ですが、僕も3・11前は参加したことはありませんでした。原発事故のあと初めて行われる3月27日のデモには、絶対参加しようと思っていました。きっと参加者が増えるだろうと予想できたし、デモは銀座を出発して東電本店前を通り、日比谷公園にゴールするので、そのあとに東電前抗議への参加を呼びかけようと考えたのです。

前日の26日、たんぽぽ舎が広瀬隆さん（＊5）の講演会を開催しました。参加者が多

＊3　呼びかけ団体は、原水禁国民会議、プルトニウムなんていらないよ！東京、大地を守る会、福島老朽原発を考える会、たんぽぽ舎、日本山妙法寺、日本消費者連盟、ふぇみん婦人民主クラブ、グリーンピース・ジャパン、原子力資料情報室。

く会場に入りきれなくて、急遽、夜も連続開催しました。その熱気を感じながら、僕は「明日もデモと東電前抗議行動をやりましょう！」と、呼びかけました。

27日当日、なんと１２００人もの人が来て、集合場所から人があふれたのです。デモ中も、みんなこれまで抑えていた怒りの声を上げ始めたという感じでした。僕はデモ中にコールの先導をするのが大好きで、初めての反原発デモなので、どういうコールにするか、いろいろ考えました。そして、「原・発・反・対！」「今・すぐ・止め・ろ！」「福・島・返・せ！」「柏・崎・止め・ろ！」といった4拍子でリードを続け、東電本店前ではデモの隊列を止めてみなで抗議し、日比谷公園へゴールしました。

日比谷公会堂の脇で参加者全員が輪になり、集会が始まりました。長年原発反対運動を続けてきた人たちが、このような大惨事が起こってしまったことへの痛恨の思いを語り、「だから今こそ頑張って原発を止めよう」という呼びかけを続けました。ものすごい熱気と真剣さでした。僕も、「3月18日から東電前でずっと抗議をやってきました。今、政府、東電の責任追及をきちんとやるべきです。これから東電前で抗議するので一緒に行きましょう」と呼びかけ、大きな拍手をもらいました。

集会後、３００人もの人が残ってくれ、一緒に東電本店前へと向かいました。これにはびっくりしました。それまでは十数人でやっていたので、一人当たりの発言（抗議）時間はけっこう長かったのです。それが、ハンドマイクのところに抗議したい人

＊4　使用済み核燃料からウランとプルトニウムを抽出する施設。核施設として臨界事故、放射能漏れ、被曝事故などの危険性と、化学工場として火災・爆発事故などの危険性をあわせ持つ。２０５０年ごろの実用化をめざしていたが、安全上のトラブルが続出し、稼動していない。

＊5　ノンフィクション作家。『東京に原発を！』（集英社文庫）『危険な話』（八月書館）『原子炉時限爆弾』（ダイヤモンド社）などで原子力の危険を訴えるとともに、一貫して反原発の論陣を展開してきた。近著に、『原発の闇を暴く』（共著、集英社新書）『ＦＵＫＵＳＨＩＭＡ　福島原発メルトダウン』（朝日新書）など。

の長い列ができたのです。堰《せき》を切ったように自分の思いや怒りを語る人たち……。一般的に日本人は、日常の会議などでも集会でも人前でしゃべらない人が多いと思いますが、みんな言いたいことが溜まっていたんだなと思いました。2週間以上家に閉じ込められていたので、当然といえば当然ですよね。

その場は、大規模な無届け集会になっていて、とても感動しました。3月18日以降、抗議行動を続けてきましたが、また一つ、壁を打ち破ったという手応えがあったからです。このとき、東電前で大人数で抗議する形をつくったのは大きかったと思います。既成事実化したということです。いつも、警察が「歩道を占拠するな」とうるさかったのですが、この日を境に、何百人集まっても警察は手出しできなくなりました。

そして、この日のデモを、前日のドイツ25万人のデモとあわせてＮＨＫや毎日新聞が初めて報道しました。インターネット上でも、反原発の動きが大きく話題になっていきました。その後、東京・高円寺の「素人の乱」（＊6）を中心とした人たちもデモをやろうと動き始めて、全体的に盛り上がっていきます。

僕らも、次回の抗議行動を3月30日にすること、東電に申し入れをすることを決めました。

＊6　ネットラジオとリサイクルショップと古着屋、呑み屋、定食屋、多目的雑貨店などの名前。東京・高円寺を中心に、「素人の乱」「貧乏人大反乱集団」「高円寺ニート組合」などの名前で、ユニークなデモやイベントを繰り広げている。

3月27日、デモ後に300人が東電前へ

福島から避難してきた人たちに会いにいく

３月28日は、東電前行動に来ていた人に誘われ、さいたまスーパーアリーナへ、福島から避難してきていた人たちの話を聞きに行きました。福島県の浪江町や自治体ごと移ってきた双葉町の人たち２０００人以上が避難生活をしていました。ここでは固い床の上で眠らなければならず、プライバシーもありません。

３月17日、いきなり避難勧告をされ、故郷を捨てさせられ、福島を出る際も埼玉に入る際も放射能検査をさせられたという話を聞き、胸が痛みました。今後への不安、持て余す焦燥感……。紹介された求人は全部パートで、「私らは埼玉のお荷物だろう」と話す人もいました。僕は、「東京の人間として責任を感じます」と伝えました。福島の人たちの生々しい話を聞くなかで、東電前行動はこれら原発事故の被害にあった人々の怒りとつながり、彼らもそこにきて抗議できるような場にすべきだと思いました。

30日にも再びさいたまスーパーアリーナへ行きました。ドイツ国営放送の記者から、僕の日常や活動を密着取材したいという依頼があり、30日にも同行してくれることになりました。この日も、いろんな話が聞けました。ある女性は、「地震だけだったら、やり直すこともできたのだが。怒りのやり場がない」と言っていました。彼らは、３月末（次の日）にここを退去し、埼玉の地方都市に移ることになっていて、あわただしく引越しの準備をしていました。僕は、東電前抗議行動を呼びかけたチラシ

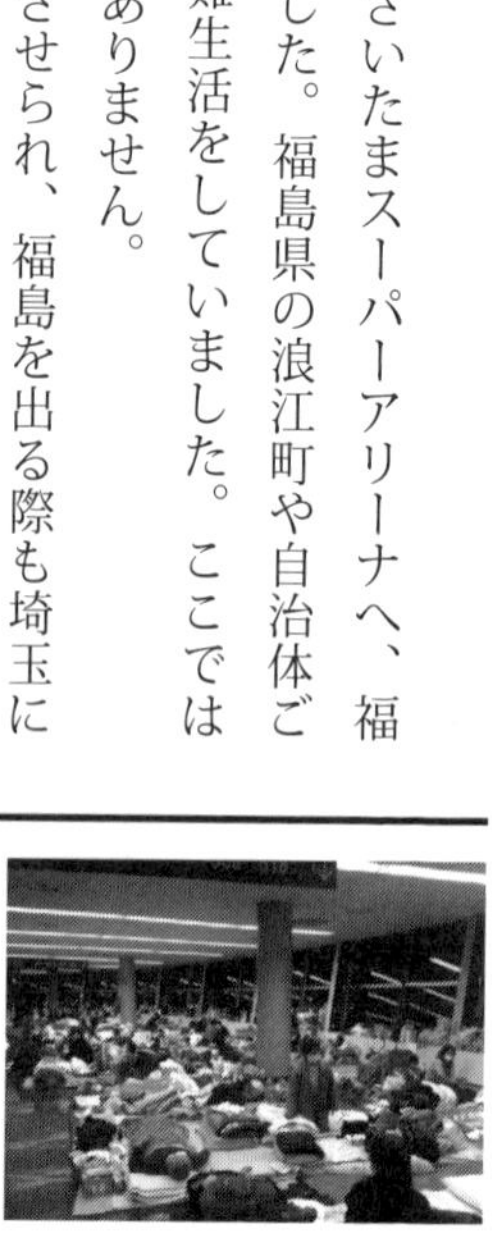

さいたまスーパーアリーナの福島から避難してきた人たち

を入口でさりげなく配り、「福島原発を廃炉に」という署名も集めました。そこでボランティアをしている人たちにも、東電への抗議に来てほしいと思ったのです。

みんなでつくる「東電前アクション」立ち上がる

30日の夕方には東京に戻り、18時からの東電前行動に向かいました。この日も、200人近くの人が集まりました。東電に「申し入れ書」（96ページ参照）を渡すことにしていたので、正門前へ行こうとすると、警察が何の根拠もなく、「5人までしか行かせない」と阻止してきました。「それぞれが申し入れ書を持参しているんだから、全員行かせろ」と粘り続け、結局20〜30人ずつで4回に分けていくことになりました。初めて東電と直接交渉をしたため、みんなの熱気はすごかったです。

4月3日はたんぽぽ舎との共催で、東電だけでなくすぐ近くの経済産業省のなかにある原子力安全・保安院にも抗議に行くことにしました。海や大地から次々と高濃度の放射能が検出され始めたため、経産省と原子力安全・保安院への批判も高まっていたからです。この日は、400人が参加。抗議をしたり、ミュージシャンの朴保《パクポー》さんや友人のラッパーがライブをしました。経産省と原子力安全・保安院には申し入れ書を渡しました。この日の行動は、ニューヨークタイムズ、CNN、アルジャジーラ、Radio Free Europe Radio Liberty、DailyMotion（AFP通信より）、El Siglo de

3月30日、東電へ申し入れ

Torreón（メキシコ）、ヤフー速報（スペイン語）などで報道されました。

僕らが3月18日からやってきた東電前や経産省前での抗議や、申し入れ書を手渡すなどの「直接抗議行動」は、デモに参加するより敷居が高いので、参加する人が少ない、大規模な運動になりにくいというのが、ここ30年来の状況です。それを考えると、これはすごい人数です。人々の怒りがいかに大きいかを示すものでした。

初めての人がたくさん来たので、一体感を出すためマイクを回したり声かけをしたりと、僕は全神経を使って激しく動き回りました。このような抗議行動に慣れていない人は端のほうで様子を見ていることが多いけれど、そういう人こそ主役になってほしい、参加して何かを成し遂げた実感を得てほしいと思っていたからです。

連日の行動の疲れと、そのころにはもう自分一人が主催するには無理な規模になっていたということもあって、参加者に「今後のアクションについて話をしましょう」と呼びかけ、来てくれた約30人とたんぽぽ舎で会議を行いました。以前から運動を一緒にやっていた仲間と初参加者、両方が来てくれました。そこで、みんなでつくる「東電前アクション」を立ち上げたのです。4月の日程や役割分担を決め、告知ブログも新たにつくりました。

僕は、この行動を始めた当初から、東電前での抗議も準備もなるべくみんなでつくるものにしたいと思っていました。だから工夫をしたし、街頭にこだわったのです。

東電前では、警官のいいなりになる必要はないことを押しつけにならない程度に参加者に伝え、路上に広がりました。そうやって場所——街なかに自由にものを言える空間——を獲得することはとても重要だと思っていましたから。たぶんそれは参加者も感じていてくれたからこそ、僕が呼びかけたときにたくさんの人が残ってくれたのではないかと思うんです。「こいつは、自分の利害などではなく、状況を変えることだけ考えてまじめにやってるな」と。

この日、日本テレビの夜のニュースで、僕のコメントや東電前行動が報道されました。帰りのＪＲ山手線の車内のテレビ映像にも出ていて、みんなで大喜びしました。

４月７日に、ミュージシャンの斉藤和義さんが替え歌「ずっとウソだった」をユーチューブに発表。ソフトバンクの孫正義さんが脱原発に金を使うことを発表するなど、多くの人たちが反原発の表現をしやすくなりました。高円寺の「原発やめろデモ」の宣伝もネット上で急速に広がっていきます。

４月８日の東電前行動では、東電から申し入れ書の回答を受け取りました。「原子力被災者には申し訳なく思う。政府と調整し補償を考えていきます」という内容です。これは、粘り強く抗議行動を続けてきた成果です。僕たちは、さらに具体的な内容を求めていくことにしました。

column 10

日本の運動と海外の運動の落差を考える

東電前行動が大きくなるのは3月27日から4月にかけてですが、そこで大きな役割を果たしたのは海外のマスメディアです。ドイツ、フランス、イギリス、アメリカなどの代表的なメディアが取材・報道してくれました。それが日本でもインターネットのユーチューブ上で流れたのです。3月26日にはドイツで「フクシマは警告する。すべての原発停止を！」という25万人デモがありました。東京では1200人だった。インターネット上で、どうして日本は当事者なのにこんなに少ないんだろうと話題になりました。東電前で取材してくれた海外のメディアの記者にも、なぜ抗議する人が少ないのか聞かれました。でも、そう言いながらちゃんと取材してくれる。

なぜ、日本の運動と海外の運動にこれだけの落差があるのか。日本では、民主主義が根づいていない、つまり政府・権力を批判する意識や行動が弱いということと、そういう運動に偏見があり、報道もされない、という二つの問題があると思います。

一つ目の問題については、3・11直後は、第1章に書いたことがさまざまに絡み合いながら、行動が抑え込まれていきました。それ以前の歴史を見ても、政府・権力に反対する行動が全社会的に広がったのは、終戦直後の革命運動や60年安保闘争、若者の間でも60年代末の全共闘運動くらいです。個別課題で盛り上がった運動はたくさんあったと思いますが、政治の根幹にある問題について、その政策を変えさせる、内閣を退陣に追い込むといった運動はあまりありません。それに比べて、フランスなどでは運動が常に継続して強い。２００６年には若い人の解雇がしやすくなる「ＣＰＥ」法案を廃案にした運動があったし、２０１０年にも年金制度改悪法に反対するデモやゼネストが数百万人に拡大しました。アメリカも反戦運動や労働運動が日本よりは強い。大規模な街頭デモやストライキが社会のなかに根づいています。運動の活発さやメディアの報道のしかたが日本とは違います。民主主義のベースが違うのです。

それに加えて日本の運動は、若い人が入ってきて自由に活動して活気が出るというのではなく、どんどんおとなしいものになっていき、屋内集会ばかりやったり、個別バラバラに動いていったりする傾向にあります。街頭に出て大デモを打ったりするようにはならない。そういうことをやらないと、政治や社会は変わらないのに。海外のほうがそのノウハウの積み重ねがあります。海外ではこの十数年間、反グローバリゼーション運動が広がり、個別の運動が協力し合いながら新自由主義経済や戦争に反対したのですが、日本はそこから取り残されていた感があります。

さらに、日本の場合は「規律化された社会」であることがその背景にあります。満員電車に揺られて通勤し、マニュアル化された労働をし、人とのつながりも薄いなかで、何か問題が起これぱパッと体を動かして外に出る、怒るという身体感覚が奪われています。喜怒哀楽の感情をあまり表に出さないということもあります。即座に声を上げるよりは様子を見る。情報にアクセスして情報収集に追われてしまう。さらには、連帯できる他者に対して懐疑的になってしまったりする。日常のなかでの関係性や身体感覚のあり方が、連帯の生まれにくいものや街頭行動に適さない形になってしまっているように思います。それも昔からそうだったのではなく、この数十年の間につくられてきたのです。そこが、今大規模に行動を起こしている国々とは違う点です。

二つ目に、日本では運動をする人に対する偏見があるから、孤立してしまうというのもあると思います。昔は「アカ」と呼ばれたし、団塊世代からあとの世代では「過激派」「運動なんてダサい、暗い、硬い」と言われ、今は「プロ市民」とすぐ言われます。スペインなどでは、今年5月に、若者が二大政党の腐敗に抗議して街頭で大規模な座り込み行動をしていました。彼らを見ていると、いい意味で屈託がない。振返って日本の僕たちはもっと精神的に重荷があるし、自分に自信がない。躍動感が違いますよね。

現在は80年代に比べたらやる気のある人が増えていると思いますが、世間では政治の話題を避ける感覚は今も強いですから、なかなか話題にしにくい。政治のことを話したり運動することが「特殊だ」と思われるし、自分でも思ってしまうという状況があります。他国では、街のバーなどでしょっちゅう政治の話をしていたり、コメディで政治の風刺をしていたりします。メディアも政府と一体になったメディアだけではなく、もう少し独立的な雑誌などがあります。あと、街なかに政治的な集会やライブのチラシが貼ってある。日本では、日常空間のなかから政治と運動が消されていて商業広告ばかり。これが大きな壁になっていると感じます。

ただし、今はインターネットがあるので海外の情報はすぐわかるし、お互いに連絡を取り合って動くこともできます。そういう意味では、たとえ日本では孤立していても、世界中に仲間がいるとわかります。今回の原発事故は世界的な問題でもあるので、海外の反原発運動の報道や海外からの視線・リアクションには本当に勇気づけられました。ドイツ国営放送が3月末に僕の密着取材をしてドイツ国内で放送してくれたときも、その報道を見たドイツの人がカンパをしてくれました。そういうこともあるから、嘆いてばかりもいられません。

もちろん、他国の運動もそれぞれ困難を抱えているのでしょうが、若い人が国会議事堂や大使館に突入して占拠したり、大規模に街頭に広がってデモをしたり、広場を占拠したり。こうした思いきりのよさや、政治・経済体制は変えられるという確信を持っていることは、いいなぁと思いますね。僕らも同じ人間だから、日本でもできると思いますし、実際に１９７０年ごろまでは当たり前にあったのですから。

column 11

ボランティアや募金から抗議行動へ

阪神・淡路大震災のころから、支援ボランティアに行く若い人が増えました。今回の震災でも、多くの若者が被災地でボランティア活動をしています。それはそれですごく大事だし、その行為自体は尊いことだと思います。僕も、6月5日に福島県いわき市の災害支援ボランティアに行き、津波で崩れた家の瓦礫の撤去作業などをしてきました。苦しんでいる人を支援し、現状を知りたかったからです。ただ、事故を引き起こした責任者への批判意識を持っていないと、「挙国一致体制」（30ページ参照）に組み込まれて動員されていく恐れがあります。ボランティアや募金の呼びかけは初期のころから行われていて、それにはみんな賛同するけれど、責任追及はしない。政府と東電が、巧妙に責任追及をさせないわけです。

批判意識を持ちつつも支援・援助活動に参加するのはとても大事なことだし、それをやっている知り合いもいますが、批判意識＝責任追及の視点が一切ないまま、ACの広告そのままのような感じで募金するのは、ちょっと違うと思います。原発事故の被災のことで言えば、募金以前に、まず東電が全財産で補償すべきです。でも、圧倒的な募金とボランティアの呼びかけに比べてそういう声が弱い。こんなに被害が広がっているのに、怒らないほうがおかしいですよ。率直な怒りの表明と批判的な分析が必要です。だから街頭で募金活動を見かけたときに、その人たちに東電前抗議行動のチラシを渡して「こういう行動もあることを知ってください」と伝えたりしました。

いわきの瓦礫は膨大な量で、人手だけでは終わらないと痛感しました。ボランティアセンターの人も地元の被災者で、3週間休みなく一日中働き続けていました。政府は新幹線の通っている町など目立つところを優先して復旧させているからで、抗議してそれ以外の町にもお金を出させなければ状況は変わらないのです。

ボランティアに行っている若い人はみんなまじめだし、すごく労力を使っています。だから、力を体制に吸収されるようで逆にもったいないと思ってしまいます。それはこの社会のなかに批判意識がなさすぎることの反映だし、経験として社会運動が引き継がれていないことの反映でもあると考えています。若い人ほど自らを抑圧するものを意識し敵対することを日常のなかで経験してこなかった人が多いから、みんな優しい。でも、それだけじゃ状況は変わらない。政府や東電にこんなに愚弄《ぐろう》されても優しいままなんて、たぶん日本だけですよ。世界中の人が経済グローバリズムや政治の腐敗に怒って立ち上がっているじゃないですか。それは、この島国のなかに閉じ込められ、狭い人間関係で精いっぱいになったり、非正規雇用の形で貶《おとし》められ、現状を受け入れながらやっていくしかなかったことの影響が大きいですが、それはもう終わらせたいです。僕らが批判意識を持たないと、政府・権力はやりたい放題やりますから。

4.10-5.6

【4月10日】
◎高円寺の「原発やめろデモ」に1万5000人参加
【4月12日】
●原子力安全・保安院は、国際原子力事故評価尺度の暫定評価値をレベル「7」に引き上げたと発表
【4月15日】
◎第12回東電前アクション（18時〜）
【4月17日】
●東京電力は事故の収束への道筋（ロードマップ）を発表
【4月19日】
●文部科学省は、学校の校舎・校庭等の利用判断における放射線量の目安として、年20ミリシーベルトという基準を、福島県教育委員会や関係機関に通知
●この時期、被曝の基準、食品基準や水道水の基準が次々と引き上げられる
【4月21日】
●福島第一原発の半径20㎞圏内を警戒区域に設定、翌22日0時をもって発動された。これにより一部例外を除き、法的に一般人の立ち入りが禁止される
【4月23日】

◎第13回東電前アクション（14時〜）。13時から新橋駅ＳＬ広場でアピール
【4月26日】
◎第14回東電前アクション（19時〜）。チェルノブイリ25年目のキャンドルナイト。16時〜新橋駅ＳＬ広場でアピール、17時半〜経済産業省へ抗議申し入れ
【5月6日】
●菅首相が浜岡原発の全原子炉の一時停止を中部電力に要請。中部電力は9日に停止決定を発表

高円寺・「原発やめろデモ」に1万5000人

4月10日の高円寺「原発やめろデモ」は主催者の予想をはるかに超え、1万5000人もの人々が参加しました。このデモを呼びかけた「素人の乱」の人たちとは前から知り合いでした。東電前行動で手一杯で準備は手伝えなかったけれど、お互いに影響し合っていました。デモの参加者のなかには、東電前に来た人や、東電前行動を映像で見て何かしなきゃと思った人がいたと思います。僕はたまった疲れで体を引きずるようにしてデモに参加したのですが、「園さんをユーチューブやユーストリームで見ましたよ」といろんな人に話しかけられて、うれしかったですね。

原発やめろデモは、トラックの荷台に機材を積み、そこでバンドやＤＪが演奏しながら進む「サウンドデモ」でした。「素人の乱」はずっとそれをやってきたし、イラク戦争反対のデモやフリーター労組のメーデーデモでも、さかんにこのスタイルが

4月10日、高円寺・「原発やめろデモ」の人であふれた出発前集会

とられました。爆音は人を呼び込む力があるし、ミュージシャンは表現できるし、何より参加者が楽しめます。そのため、デモに加わる人が増えるのを嫌う警察によく規制されますが、この日は、甘く見ていたのか、参加者の人数に比べて警察の数はぜんぜん足りませんでした。だからバーっと横に広がれたし、それでデモって楽しいなと思った人もいっぱいいたと思います。最初はただ歩いていた人たちも、デモの終盤ではみんな「原発反対！」と声を上げ、体を動かしていました。原発やめろデモは、その後デモが広がっていく起爆剤になりました。

僕自身、こんなに初めての人がたくさん来たデモは、２００３年のイラク反戦デモ以来だと思いました。集合場所の公園は駅前から坂を下りてすぐのところにあり、そこになだれ込むように来る人たちを見て、新しいことが始まっていると感じました。「素人の乱」やその仲間たちが、以前からデモや街頭行動を積み重ねてきた成果だと思います。

デモ中にレイバーネットＴＶのインタビューを受けたとき、僕は「こんなもんじゃ終わりませんよ。まだまだ広がりますよ」と興奮していました。疲れてはいたけれど、「来たーっ！」とわくわくしていたのです。そしてゴール場所の駅前広場に次々と到着する人たちを見ながら、涙が出ました。日本の運動は予想を超えて巨大化することは少ないのですが、今回ばかりは「やっていてよかった」と、報われた思いでした。

「原発やめろデモ」のサウンドカー

唯一惜しかったと思うのは、ゴール場所に人が溜まれず流れ解散するしかなかったことです。エジプトの革命の象徴になった「タハリール広場」にできたらいいねと主催者の人たちは思っていたそうですが、残念でした。でもこの構想は、6・11へと引き継がれていきます（106ページ参照）。

このころから僕も、ドミューン（＊7）やレイバーネットTVに出演し、東電前抗議行動や反原発デモを同世代の若い人に向けて語る機会が増えました。

チェルノブイリから25年目は「キャンドルナイト」

4月12日には、原子力安全・保安院がついに「福島原発事故はレベル7」と認め、その深刻さと長期化が誰の目にも明らかになりました。東電は17日に事故収束のロードマップを発表しましたが、動き始めた人たちは「これで終わるわけがない」と、全国でさらに抗議デモが広がっていきました。

東京では、参加者が野菜のコスプレをして農家の苦しみや汚染食品の問題を訴える野菜デモ、ツイッターで「原発反対デモしよう」とゼロから呼びかけて1000人近くの人が来たデモ。4月24日には、3月27日のデモと同じ反原発定例デモが芝公園から4000人以上で出発し、東電前では激しく抗議の声を上げました。

原発反対は他の社会問題ともつながり、4月29日の反天皇制のデモ、5月3日に「自

＊7　トークショーやゲストによるライブを配信。21時から0時まではDJタイムとなっており、すべての番組がユーストリームと、連動しているツイッターにより発信されている。

4月17日、「レイバーネットTV」に出演

由と生存のメーデー」が行われ、後者では被曝労働問題が正面から訴えられました。そして5月1日に行った「新宿ど真ん中デモ」は、震災後の自衛隊・米軍の前面化や戒厳令状態を正面から批判するもので、僕の問題意識そのものでした。

反原発行動を広げ新たな人と出会いつつ、今の政治や社会のあり方を根本から批判する。それを両立させたいと思っていました。そして「原発やめろデモ」第2弾が5月7日に決まり、準備会議に僕も参加するようになりました。そうしたデモの広がりと世論の変化も影響して、5月6日には菅首相が、地震源の真上にあり最も危ないといわれていた静岡県の浜岡原発の一時停止を発表したのです。

東電前行動も、ほかのデモが増えた分人数は減ったけれど、担い手は回を重ねるごとに増えていきました。4月15日、23日と行動を積み重ね、4月26日はチェルノブイリから25年目の日ということで、「キャンドルナイト」に決めました。これは、明かりを灯《とも》したローソクを紙コップに刺し、それを参加者が手に持って集会を行うというもの。追悼の意味と、ソフトな雰囲気を出せるので抗議行動に来やすくなるだろうと提案されました。

実際に、この日は400人以上が参加しました。僕にはないアイデアが出され、実行に移されたのがうれしかったです。

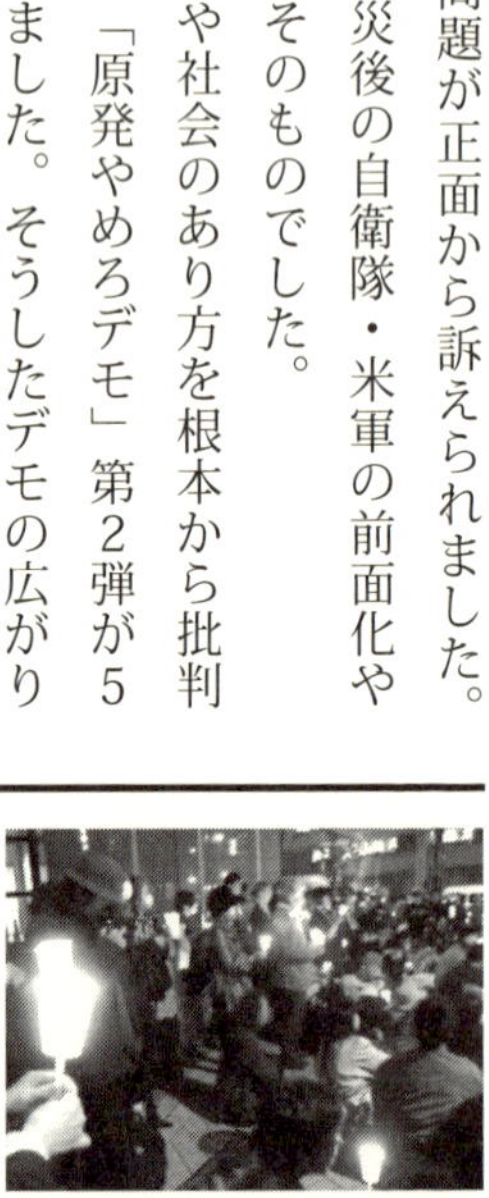

4月26日、東電前での「キャンドルナイト」

column 12

棄民政策を超えて

原発事故後の福島、東北、そして関東全体への政府の対応は、ひと言で言って棄民政策だと思います。初期は政府のプロパガンダが機能していましたが、あまりに事態が大きすぎてだんだん隠せなくなっていきました。大手メディアも4月くらいからは東電や政府を批判し始めました。まき散らされた高濃度の放射能による被害を考えたとき、福島では当然「避難する方法を真剣に考えなきゃ」となるわけですよね。その前提として、地域ごとの詳しい放射能汚染の状況、被曝の状況を調査して公開しないといけない。ところが、政府も東電もこれらの対策を講じませんでした。そして今も、放射線量の高い地域で大勢の子どもたちが暮らしているのです。

ところが一方では、メディアも徐々に通常の番組体制に戻り始め、輪番停電や電車のストップなどがなくなれば、首都圏の人たちはだんだん福島の現状への関心が薄れていくのではないかと心配です。放射能被害は拡大し、ますます深刻化しているのに、地域によって大きな落差が生じてくるのではないか。無関心な状態に置かれるとそれ自体で福島の人たちは棄民化するし、世界のなかのパレスチナのような状態に置かれてしまうことになります。

こうした状況のなかで、政府と各省庁がやり始めたのはすさまじい隠蔽《いんぺい》と責任逃れです。4月後半から被曝労働者の被曝許容量の引き上げ、食品に含まれる放射能量基準値の引き上げ、さらには水道水からも放射能が検出されたことに対して「飲み水は大丈夫」「直ちに健康に影響はない」などと各自治体のホームページに載せました。

　文部科学省は、「子どもは年20ミリシーベルトまで大丈夫」と、信じられない基準値を出しました（94ページ参照）。福島県内では、福島県が放射線リスクアドバイザーとして雇った長崎大の山下俊一教授（＊8）が「健康への影響を考える必要はない」「大丈夫」「絶対この町にいてほしい」と宣伝してまわったのです。本来であればすぐにでも避難政策を講じなければならない行政と専門家が、真逆のことをし始めて、結果的に福島を壮大な被曝の実験場にしているのです。これはもう、棄民政策というより殺人です。目には見えないけれど、「専門家の言葉」による監獄をつくって人々を動けなくし、そのなかでやっているのはゆるやかな殺人です。政府や自治体がそういう対応だと、人々は、自己判断を迫られます。「逃げるか逃げないか」で、家庭内や職場のなかでの言い争いが始まったり、非常にキツイ状態に置かれることになっています。ただでさえ、福島では日々を生き抜くために大変な状況にあるのに……。想像するだに苦しいこの状況に対して、政府や各省庁の責任はあまりに重いと思いました。

　そんなときだからこそ、政府の隠蔽と責任逃れ、棄民化を乗り越えて、私たちがこの社会の主役になって福島と連帯し、避難のための助け合いのネットワークをつくり

＊8　長崎市生まれの被爆二世。チェルノブイリでの被曝者治療にも携わってきた。こうした経歴を持つ専門家の言葉を多くの人は信じてしまう。山下氏を放射線リスクアドバイザー等から解任する署名活動が取り組まれている。

出す必要があります。実際、日本全国で、福島を脱出する家族や子どもを受け入れるプロジェクトを始めた人たちがいます。今こそ連帯を大規模に進めるときだと思います。たとえば、かつてチッソ本社前に水俣《みなまた》病患者（＊9）たちがテントを張り、座り込んで抗議と交渉を続けました。5月23日の、文科省との子ども20ミリシーベルト撤回交渉（94ページ参照）のときは、バスで福島から七十数名の親が来て、数時間ではあったけれど座り込みをしています。こうした福島と東京の闘いをつなげていくために、東京の僕らもできることをやっていきたいと思っています。

もう一つつけ加えておきたいのは、関東をはじめ他地域の人も原発事故の被災者だということです。放射能は広い範囲に広がって空気、水、大地を汚染し、食べるものや飲むものからも放射能が検出され、僕らの生活すべてに放射能汚染の影響が及んでいます。とくに子どもを持つ親は、大きな不安を抱えて日々を過ごしているのです。

放射能汚染から身を守るといっても、そこには貧富の差があって、お金のある人は安全な食べ物や安全な水を入手できるかもしれないし、あるいは遠くの安全な場所に避難できるかもしれないけれど、福島でも東京でも、お金のない人はそうはいきません。最も働き口のない人たちのところに原発労働の求人が来ています。つまり、貧乏な人々は棄民化されるという構図です。原発事故と放射能被害について考えるとき、貧困や差別の問題も見据えなければならないと思うのです。

＊9　熊本県水俣市のチッソ水俣工場からの排水に含まれたメチル水銀が不知火海に流出。汚染された魚介類を食べた住民が手足のしびれや視野狭窄などさまざまな症状を訴えた。

5.7-6.10

【5月7日】

◎渋谷「原発やめろデモ」に1万5000人参加。4人が不当逮捕

【5月8日】

◎番外編「東電前ライブ！この日は音楽でヤルの！」（15時〜）。11組のミュージシャンと200人を超える参加者

【5月12日】

●東京電力と原子力安全・保安院は、福島原発1号機〜3号機が「3月当初からメルトダウンしていた」と発表。2カ月間も事故隠しをしていたことが発覚

【5月14日】

●集中廃棄物処理施設で機材の運搬作業に従事していた60代の男性が体調不良を訴え、同日死亡が確認された。原発事故の収束作業中においては初めての死者。死亡したのは東電の四次下請企業の臨時雇い作業員

【5月20日】

◎第15回東電前アクション（13時半〜）。新橋駅SL広場でアピール―東電前―中部電力東京支社へ

【5月23日】

◎第16回東電前アクション（18時〜）。17時半〜新橋駅SL広場でアピール

【5月27日】

◎福島の親たち70名と東京の支援者数百名が、子どもたちに対する「年20ミリシーベルト」撤回を求め、文部科学省交渉

●福島県が全県民約202万人を対象に被曝調査を実施すると発表
◎第17回東電前アクション（16時〜）。新橋駅SL広場でアピール―東電前―日比谷野音の集会とデモへ
●5月末、台湾、スイス、ドイツが稼働中の原発の廃炉や原発建設計画の撤廃を決定。イタリアは、6月12〜13日の国民投票で原発撤廃が94・05％の圧勝
【6月5日】
●福島第一原発から約1・7㎞の大熊町の土壌からプルトニウムが検出される

5・7デモ弾圧と事態の深刻化

5月7日に「原発やめろデモ」の第2弾が渋谷で行われました。高円寺では1万人以上集まれる場所がないので、都心に乗り込んでいく感覚です。小雨の天気でしたが、前回同様1万5000人の参加者がありました。集会は、有名ミュージシャンが自分から出演を求めるほど巨大化しました。

ところが警察は、高円寺デモを規制しきれなかった失点を取り返そうと、デモの隊列を細かく分断して、力を削いできました。東京でのデモは「東京都公安条例」で規制されます。1車線しか通れない、デモ隊列は250人ずつに分断されるなど、デモの規模をいつも小さくされるのです。この日も、1万5000人が数百人ずつしか出られず、なんとデモ出発から全員がゴールするまで5時間近くがかかりました。さらに、サウンドデモ隊を妨害し続け、それに抗議した4人を不当逮捕しました。2

5月7日、渋谷・「原発やめろデモ」

人はその日のうちに釈放されたけれど、1人は12日間、もう1人は21日間勾留されました。一日も早く救い出すため弁護士を手配し、救援活動が進められました（＊10）。

警察がデモ参加者を不当逮捕する狙いは、広がる運動を抑え込むこと、初参加者に「デモは危ない」というイメージを与え委縮させること、主催者を救援活動で手いっぱいにさせることです。だから、不当逮捕されたときはみんなで運動を支えなければいけないのです。でも、まだ日本社会には「逮捕されるほうが悪い」「デモは危ない」というイメージが強いのが現実です。逮捕もデモ規制も不当であり、許してはいけないということを多くの人にアピールしていきたいと考えています。

翌5月8日に友人さっちゃんの主催で「東電前ライブ！」を行い、いつも抗議している場所で11組のミュージシャンが演奏。200人の参加がありました。12日、東京電力と原子力安全・保安院は、福島原発1号機〜3号機が「3月当初からメルトダウンしていた」と発表。2カ月間も事故隠しをしていたことが発覚したのです。

ふざけるな。いったいどこまで僕らを愚弄したら気がすむのか。僕らは14日、東電に抗議しました。またその後、浜岡原発を一時停止ではなく完全廃炉にすることを求めて、初めて東京・日比谷にある中部電力東京支社に行きました。会社前に担当者が出てきて、70通以上の申し入れ書を直接手渡しました。新しい仲間がどんどん担うようになっていきます。

＊10　逮捕の不当性、救援活動の状況については、「5・7　原発やめろデモ！！！！！弾圧救援会」のサイト（http://57q.tumblr.com/）を参照のこと。

5月8日、「東電前ライブ！」

日本全体を見ると、反原発運動は大きくなっていったのですが、僕には焦りの気持ちがかなりありました。東京では、人々はだんだん放射能に慣らされていきます。インターネットを見ている人はすごく危機感を持っていても、そうでない多数の人はマスクも外して日常生活に戻っていきました。日本社会は労働圧力が非常に強いので、被曝しても「仕事場に行かなくちゃ」と思ってしまう。また、職場や学校、家庭で運動や政治の話をしないので、自分が不安を感じていてもなかなか表に出せない。むしろ、冷静に振る舞っている人のほうがまともであるかのように言われる。職場や学校で周りと話が合わなかったり話ができないで孤立感を持っている人が、たくさんデモ現場に来ていました。「日本の一見平穏な日常」という魔物が、時間が経つにつれて強まっていることを感じていました。

僕は、5月20日、27日と連続で東電前抗議を提案し、実行しました。

もはやこの国の政治家、官僚には任せておけない

僕は、3月からの疲れがどっと出ていました。行動や会議などがあまりに忙しくて働く時間や余裕がなく、ろくな食事や休息もできず、さらに疲れるという悪循環です。

原発事故をめぐる事態も深刻化していきました。代表的なものが、被曝許容量の引き上げです。文部科学省は、学校の校舎・校庭等の利用判断における放射線量の目安

5月14日、中部電力東京支社への申し入れ

として、「年20ミリシーベルト」という基準を打ち出しました。これは屋外で３・８マイクロシーベルト／時に相当すると政府は言っています。この数値は、労働基準法で18歳未満の作業を禁止している「放射線管理区域」（０・６マイクロシーベルト／時以上）の約6倍に相当する線量です。これを子どもに強要するなんてありえません。

この問題については、東京のＮＧＯと福島の団体が即座に動き、抗議声明を出して文部科学省交渉を始めました。５月23日には、福島からバスで70人以上もの親たちが文科省に直接抗議に来ました。東京からも６００人以上が集まり、僕も参加しました。文科省側は参加者を建物内に入れないうえ、高木文科大臣に面会を求めても、「どこにいるかわからない」の一点張りです。結局、渡辺科学技術・学術政策局次長が対応。親たちは「私たちをモルモット扱いしているのか」などと、すごい緊迫感と怒号のなかで2時間にわたって渡辺次長に詰め寄りました。その結果、渡辺次長は「年１ミリシーベルトをめざし、可能な限り下げていく」と回答。文科省を大勢で囲み、粘り強く交渉した成果です。

また、５月22日には福島第一原発から２００シーベルトという、３分浴びると死ぬような大量の放射能が出ているという情報がツイッター上に流れました。福島は全員避難したほうがいい放射線量レベルなのに、政府がまったく動かない。仲間と朝まで「福島からの大規模避難をどうやったら実現させられるか」という議論になりまし

5月23日、子ども20ミリシーベルト撤回を求めて文科省座り込み

た。関東も放射線量が蓄積されていて、この先いつまでいられるかわかりません。

　東北の被災地も置き去りです。最も被害のひどい沿岸部を放置したまま、日本経団連は被災地への「復興特区」の実施と道州制の先行導入を提言しました。税制優遇をして「復興」を企業の金儲けの場にしようというものです。沿岸部には高齢者が多く住んでいたから津波の犠牲者が増えた背景があります。どの国の地震や津波でも、まず貧困層や社会的弱者が犠牲になっています。東北地方は減反《げんたん》（＊11）、出稼ぎ、原発誘致と、一貫して犠牲を強いられてきました。こうした現実に対する何の反省もなく、今また、資本の生き残りのために東北を踏みにじろうとしているとしか思えません。

　僕には、政府、官僚、東電、財界ともども総ぐるみで事実を隠し、責任能力や実行能力を喪失しているのに権力にしがみついているとしか思えません。根本的な変革が必要なところまできています。では、どうするのか。彼らに任せるのではなく、長年原発に反対してきた学者・団体や、動き始めた私たち自身が政治の主役になり、原発廃止や避難政策を実現させるのです。

　どんなに厳しい現実の前で気持ちが落ち込んだりしても、街頭での大規模集会や直接行動はそれを吹き飛ばすくらいの希望と解放感があります。僕は、気持ちを切り替え、それを求めて6・11行動へと向かいました。

＊11　農家に対する米の作付け面積の強制制限措置。

置き去りにされたいわき市の瓦礫の山

【資料３】東京電力への申し入れ書

２０１１年３月30日
東京電力株式会社・取締役会長　勝俣恒久　様
東京電力株式会社・社長　清水正考　様

抗議・申し入れ書

３月11日の東北関東大震災による福島原発の大事故により大きな被害が広がっています。私はこれを東京電力と歴代の日本政府による明確な「人災」だと考え、東京電力に抗議と要請をします。

まず、多数の住民や学者や市民運動が原子力発電所の危険性を東京電力に対して訴えても、東京電力はそれを無視し続け、「原子力は安全だ」とアピールし続けてきました。しかし地震・津波大国の日本では過去にも東北地方に今回と同レベルの津波が押し寄せており、「想定外」はありえません。そもそも起こりうる全ての危険性を「想定」できない専門家や電力会社は、自らの社会的責任を放棄しています。

次に事故後も東京電力は福島原発をすぐに廃炉にする方針を出さず、対応が後手に回りました。廃炉を前提にもっと早く動いていれば、ここまでの被害拡大は避けられたはずです。それは原子力推進政策の見直しをしたくない東京電力が、自らの失敗の責任をごまかすため、他の地域の原発見直しを恐れたために発表を控え続けているとしか思えません。

私は、福島原発に最も近い双葉町、南相馬の住民が避難した埼玉スーパーアリーナへ聞き取りに行きました。住民は強い疲れ、不安、怒りを持っていました。当然です。着の身着のまま他県へ避難させられ、「家には帰るな、仕事ももう出来ない」と言われ、避難場所も勝手に決められる。子どもやお年寄りの健康も不安だし、残してきた大切な家や動物をとても気にしています。福島ではついに有機農業家が自殺しました。誰もが仕事も生活も全く先が見えない状態ですし、東電や政府からの補償についても何ら明確で十分な方針が出されていない。そうした全てに対して最も責任があるのは、原発を建設・推進してきた東京電力です。

そして東京や日本各地でも放射性物質が広がり、外出時、雨天時、移動時、食べる物、飲む物と生活の全てに被害が出ています。目に見えない放射性物質は絶え間ない不安を生み出します。私たち一人ひとりも東京電力から大きな被害を受けたのです。

私は怒りを込めて、以下に要求し、東京電力からの回答を求めます。

1、東京電力は管理する全ての原子力発電所を今すぐ停止すること。
2、東京電力の現会長と現社長が、避難住民の前で、テレビで、私たちの申し入れ行動の前で、謝罪すること。
3、福島原発を廃炉にすることを今すぐ公表すること。
4、人の命を犠牲にする原子力ビジネスから撤退し、全ての建設計画を廃案にすること。
5、東京電力の全ての内部留保の資産を、福島原発から避難してきた人々や他地域の原子力被災者への生活補償、雇用保障、健康補償にまわすこと。

4月8日（金）までに文書にて回答を用意して下さい。直接受け取りに行きます。

園　良太

interview

【多様化する運動――各団体の主催者に聞く①】

柳田真さん

「たんぽぽ舎」共同代表
1940年愛知県生まれ

原発に反対し続けてきた経験と3・11以降の新たな出会い

たんぽぽ舎は、チェルノブイリ事故後の89年から23年間原発に反対してきた団体です。地震のときも事務所で会議をしていました。すぐに「福島原発が危ない！」と思い、状況把握のために原子力安全・保安院に電話をしました。そして東電への抗議行動を決め、事故の緊急情報を毎日伝えるメールマガジンを創刊して宣伝。翌12日に20人で抗議しました。長年東電を相手に原発の危険性を指摘し、ナマのデータの情報開示を求める交渉にも参加してきたので、福島原発の事故によって今後何が起きるかはある程度推定できました。

しかし事故の当初は、「今は東電を批判しないほうがよい」という声が世間はおろか原発運動内部からも出て困りました。そこでまず、私たち自身の現状認識を一致させるために、3月15日から連続講座を開催しました。

その後、園さんたちの東電前抗議が始まります。東電に若者が抗議し、責任を問う活動は大事だし、自分たち年輩者にない機動力に感心して支援をしました。3月26日予定の総会では、広瀬隆さんの講演会への反響がたいへん大きかったため、総会を延期し急遽、講演を昼夜2回開催しました。また、連日、事務所には「放射能にどう備えればいいのか」という相談の電話がひっきりなしにかかってきました。みんながつながり学ぶための場を求めていることを痛感しました。

たんぽぽ舎には食品の放射能汚染測定器があり、3・11以降、連日測定してみると、高い汚染数値が続いています。今や、東日本全体が汚染されています。食物汚染による内部被曝の問題も深刻化してきています。放射能測定や集会の講師依頼と、たんぽぽ舎の業務は大忙しとなっています。

反原発運動が拡大し始めた4月10日、たんぽぽ舎の人々は芝公園のデモに参加していましたが、園さんから「高円寺デモにすごい数の人が来ました！」と電話があり、それ以後、新しく動き始めた若者と従来の運動をつなげドイツのような大デモにしたいと思い、両方のデモに参加してチラシを配るなどの取り組みをしてきました。

史上初の大事故と恐ろしい被害

福島原発事故は4基連続の過酷事故です。収束に何年かかるかわからない世界初の事態です。それなのに政府と東電は事故後に放出された放射能の総量など、基本データを隠してきました。たんぽぽ舎副代表の山崎久隆さんは、事故当初のガス放出量は1100～1200テラベクレルという恐るべき数値を推測しています。しかし、被害者への補償に直結するから東電も政府も隠すのです。電力会社が一番恐れるのは原発事故で会社が倒産することです。だから、昔からいかに被害補償を少なくするかを内部で研究していたはずです。

今回、次々と利権構造が報道され、長年反対運動をしてきた私たちも知らなかった原子力帝国の暗部が明るみに出てきました。事故の収束見通しは立たず、間違いなく長期化します。原発内の配管がボロボロなので、台風などでさらに倒壊したら殺人的な放射能が出てきます。M7級の余震があると気象庁も言っているのですから、稼働中の原発は今すぐ止めなければなりません。

希望を持とう、原発は必ず止められる！

東京ではデモへの参加者が増え続けました。また、放射能から身を守るための市民の活動が全国に数えきれないほど広がっています。私たちはここに希望を見て、事務所の別フロアに「スペースたんぽぽ」（60畳）を開設しました。誰でも気軽に来られる連続講座を開き、原発やこの社会の問題を根底から学び、変えていけるようにしたいのです。原発推進側には統一の戦略があり、すぐに巻き返しを画策してきます。しかし私たちの側は運動のつながりがまだ弱いので、今後の取り組みについて活発に議論していくべきです。事実を正確に記録し、評価することです。それがあって初めて真に有効な行動・取り組みを継続発展させることができます。

今、政府や電力会社は、「原発がなければ困る」と思わせるために、電力不足と節電をアピールしていますが、実は電力会社にとって電気が売れないのが一番困るのであり、東電の本音は「電気をもっと使ってください」のはずです。だから東電は今、東北電力に電気を1400万kWも売っています。でもこの本音は口が裂けても言えないのです。定期点検中の原発を再稼働させなければ、来年5月にはすべての原発が定期点検に入ることになり止まるので、「原発が止まると電気が足りなくなる」という最後の神話が崩壊して「原子力利権共有帝国」の絆は弱まります。

福島原発事故の被害は今後も拡大するでしょう。これからも何度も大きな局面がやってきます。ここで日本の原発を止めなければ、原発で滅んだ最初の国となってしまいます。子どもや孫のためにも、自分の持てる全力を投入する決意です。

interview

【多様化する運動——各団体の主催者に聞く②】

塚越都さん
「東電前アクション」
1984年群馬県生まれ

何かできることがうれしかった

「東電前アクション」で初めて社会運動に参加しまし

た。もともと正社員をやめて派遣社員になったときに、待遇の違いなどから社会の矛盾を考え始め、何かをしたいと思っていました。3・11が、私にとって「スイッチ」になったのです。

地震のときは仕事場にいて、「原発大丈夫かな」とすぐに思いました。12日の水素爆発で「1カ月は家から出られない」と思い、お風呂に水を溜め、食料を買い込み、ネットで情報収集していました。

ところが翌週仕事場に行ったところ、周りはあまり気にしていなくて、早くも「大丈夫だよ〜」と言われました。そのギャップに我慢できなくて、大学時代の友達と「街に出て原発危ないよ！と呼びかけたいね」と話し合っていましたが、実行する勇気がなかった。

その後、4月3日に東電前アクションに参加しました。東電と経済産業省に本気でぶつかっているところがいいな、今声を上げるのは当然だな、と思いました。そしてAFP通信やドイツのTVの取材に答えて、私自身も声を上げれば、メディアに届くことに驚き、また可能性を感じました。

東電前行動で園さんが「手伝ってほしい」とみんなに呼びかけていたので、たんぽぽ舎での話し合いに参加したときには、別の世界を見た気がしましたね。「東電前アクション」のブログづくりを担当し、深夜2〜3時まで更新し続けていました。傍観者であることが辛かったこれまでと違い、何かできるのが新鮮だし、うれしかった。

身近な人にも原発について問題意識を持ってもらいたかったので、その後も「原発やめろデモ」に同僚を連れて行ったり、各所でチラシ配りや話をしました。ネットや市民メディアを見て「メディアも捨てたものじゃない」と思い、4月から市民メディアの「our-planet TV」(113ページ注参照)に関わり、自分でも映像を撮り始めました。

今でも職場や実家で原発の話をすると、「煽らないでくれ」と言われます。自分の生活を守るためにはしなければならない、考えなければいけないことなのに、問題を見つめたくないのだと感じます。そうした人が周りにも多いので、集会やデモに彼らも来られるような工夫をすることが私がすべきことだと思います。

だから東電前の「キャンドルナイト」の準備に関わり、「原発さようなら」というバッジもつくって売りました。6・11では、新宿アルタ前広場で通行人や参加者に黄色い風船を配りました。ドイツなどの海外デモからヒントを得て、誰でもできる意思表示の形をつくりたかったのです。

スーパーへ行くと、入口には福島産の野菜が置いてあって「福島を応援しよう！」と書いてある。でも、放射線基準値を突然上げて、以前だったら市場に出回らなかった食品に「安全です」と政府がお墨付きを与えること自体、疑問です。放射能汚染が心配される食品を避けるのは当然のことで、「風評被害」などではありません。れっきとした原発被害なので、生産者も当然補償対象とされるべきです。

同世代にも行動する人がこんなにたくさんいる！

3・11が起こって私の生活は180度変わりました。食事も満足につくれないくらい、会議、集会、デモ、勉強、調査、交流と本当に忙しい。交通費も場所代も、プラカードや旗の制作代なども自腹で大変。マスコミ不信や政治へのアレルギーも強まりました。でも実際に反原発運動を始めてみたら、同世代の人のなかにも世の中に疑問を感じ、行動する人がこんなにたくさんいるんだと驚き、安心もしました。

「たんぽぽ舎」のみなさんのように、簡単に結果の出ない原発問題に対して地道にずっと運動をしていた人たちの姿勢から多くを学びます。自分の名誉や出世に興味を示さず、社会をよくするために、自分の信じる正義を貫く多くの方々に心打たれました。また、その体力と気力には驚きます。

私もツイッターにつぶやくだけでなく、多くの人と語り、共有し、できることを一つひとつ進めていきたいです。

第3章　新宿・アルタ前広場へ！

6.11

◎14時「新宿・原発やめろデモ」新宿中央公園・多目的運動広場に集合、15時より新宿一周・超巨大サウンドデモ出発
◎18時「脱原発１００万人アクション・6・11新宿アルタ前アクション」に2万人参加
◎全国１４０カ所で10万人近くが行動。世界12カ国でも行動

6・11はどのように準備されたか

同時多発行動をしよう

東京では3月末から、反／脱原発に取り組んできた団体や反戦運動、労働運動などさまざまなテーマで運動している団体から60人以上が参加し、今直面している危機を乗り越えて、脱原発社会をつくり出すためにできることを横断的に話し合おうと「福島原発事故緊急会議」（以下、緊急会議）が結成されていました。また、同じころ、環境運動のＮＧＯやＮＰＯが集まり、「ｅシフト」（エネルギーシフト、いわゆる自然エネルギーにシフトをという流れ）も結成されました。平時なら個々バラバラに動

いている人たちが集まり、知恵を出し合って統一行動をしようという流れが徐々につくられていきました。そこに、僕も参加していました。

大きな行動としては、「素人の乱」の「原発やめろデモ」、原水禁（＊1）を中心とした芝公園や日比谷公園からのデモ、ＮＧＯを中心に2回行われた代々木公園からの「エネルギーシフトパレード」（以下、エネパレ）の３つがありました。「緊急会議」に出席していた「みどりの未来」（＊2）の宮部彰さん（インタビュー１１９ページ参照）らが、「反原発運動を大きくしたい」と考え、３つのデモの主催者に声をかけたのです。集まった人たちで実行委員会をつくり、事故から3カ月後の6月11日に東京で大きな会場を借りて、合同で10万人規模のデモをできるかどうかを議論し始めました。

それぞれの団体は指向やセンスが違うので、最初はなかなか意見がまとまりません。たとえば、反原発の大群衆が集まり解放空間になることが一番有効だと考える「素人の乱」と、その場の全員が脱原発のプラカードを掲げるなどメディアに主張がわかりやすく出ることを求める「エネパレ」、という具合いです。また、都心で数万人が集まれる場所が確保できず、全員一緒にやるのかバラバラにやるのか、一緒にやるならどういう方法があるのかといった議論が続きました。そして、各団体と参加者の個性を活かすために、６月11日の昼間はそれぞれが別の会場からデモをすることにしました。原水禁などは芝公園、「エネパレ」は代々木公園、「素人の乱」は新宿中央公園です。

＊１　正式名は「原水爆禁止日本国民会議」。１９６５年に結成された日本で最も規模の大きな反核、平和運動団体の一つ。「核と人類は共存できない」という考え方を持つ。

＊２　日本に「みどりの党」をつくろうと活動してきた「みどりのテーブル」と、みどりの理念を基盤とした無所属市民派の自治体議員の「虹と緑の５００人リスト」が組織合流してできた団体。

新宿・アルタ前広場を「タハリール広場」に

そして、「素人の乱」や僕が、「デモの終了後、夜に全員が集まれる場をつくりたい。新宿駅東口のアルタ前広場に6時に再結集しましょう。１９６０年代後半の新宿や、今のエジプトのタハリール広場のイメージです」と提案したんですね。

もともと「素人の乱」の仲間は、原発を止めるだけでなく、いかに自由な解放空間をつくり出すかという志向性を持っていたし、僕もそうでした。デモやストライキの本質は、交通を止めたり職場で生産を止めたりして、権力者や資本家に「好き放題にはできない」ことをわからせて、社会を変えていくというものです。今、中東、スペイン、ギリシャと世界中でこうした民衆パワーが爆発しています。日本でも数万の人々が結集して、社会の力関係を変えるようなものをつくり出さなければ、原発は止まらないだろうと考えています。それは、アルタ前広場を中心に、新宿の街を反／脱原発を訴える人たちで埋め尽くすことだと思ったのです。アルタ前広場は、僕にとって「新宿ど真ん中デモ」で何度もデモや集会をしてきた場所でもありました。

ただ、新宿駅周辺に万単位の人が集まることは、１９６０年代後半以来長らくやっていないので、「何かあったら責任がとれない」という意見も出ました。逮捕されたらどうするのか、将棋倒しになったらどうするのか、などなど。また、政治家やなるべく有名な人を呼んで前に立てようという意見もありました。それらの意見もわか

群集で埋まるエジプトの「タハリール広場」

るのですが、僕や「素人の乱」は、集まった人々のポテンシャルにかける統制のない自由な空間が大事だということ、その上でさまざまな発言者やミュージシャンに出てもらい、場を盛り上げましょうと言い続けました。違いを埋めるために長い議論を重ねました。そして僕らの提案が通り、各団体のデモと、結集する夜の新宿アルタ前広場に向けて走り始めます。

東京だけでなく、全国の人が誰でも書き込み送信するだけで情報がアップされるサイトがつくられ、全国・世界各国に向けて「6月11日に原発反対のアクションをしませんか」と呼びかけました。総称は「6・11脱原発100万人アクション」です。時間や内容は、各地の人々の創意工夫で決まっていきました。

成功のイメージをみんなで共有する工夫を

僕は、夜の行動が本番だと思っていました。どうすれば人が集まれるか、広場ができるかが最大のポイントでした。ただ集まるだけでは警察に「無届け集会だ」と蹴散らされかねません。いろいろ作戦を話し合うなかで、街宣許可（＊3）を取った宣伝カーを出して、集まった人がそれを聞いている形にすれば何とかなるんじゃないかという意見が出ました。僕も、2009年8月、民主党に政権交代した選挙の最終日に、池袋西口では民主党の鳩山由紀夫氏、東口では自民党の麻生太郎氏が演説していると

＊3　車両による宣伝の場合は、道路交通法に基づき道路使用許可を取ることが必要とされている。

ころを見たのですが、どちらも大群衆が宣伝カーを囲んで演説を聞いていました。そのときのイメージです。３台の宣伝カーを借り、その上で反／脱原発を訴えてきた学者や活動家、６・11の各地のデモ主催者、国会議員などが発言し、ミュージシャンも演奏することにしました。多彩な出演者と大群衆がいれば、警察もうかつには手を出せないだろうと考えました。不安もありましたが、すべての人々の結集点にすれば、なんとかなるのではないか。アルタ前は人目も多いし、無数の通行人が押し寄せてくる場所ですから。

メディア対策としては、アクションの数日前には記者会見も行いました。会場には、主な新聞やテレビや市民記者が取材にきました。ネット上の告知も工夫されました。「素人の乱」は、タハリール広場やスペインの座り込み広場の写真や、60年代末の新宿騒乱（＊4）や新宿西口地下広場のフォークゲリラ（＊5）と今の新宿各地を重ね合わせた告知のスライドショーをサイトにアップしました。また、岡林信康の「友よ」という歌を避難地域である福島・南相馬まで行って歌う映像をつくり、団塊の世代に「もう一度デモに出てこい」と呼びかけました。これを見て「上等だ！　行ってやろう」と、全共闘世代の人々がのぼり旗まで作成して多数参加されたとのちに聞きました。

「素人の乱」呼びかけの新宿・原発やめろデモのゴールはアルタ前広場に決定。参加者とスタッフがうまく流れてこられるようにと配慮してくれました。昼間の各デモ

＊4　1968年10月21日の国際反戦デーに、ベトナム戦争反対を訴える学生らが新宿駅に集結、各所で機動隊と衝突した。

＊5　1969年の春、新宿西口地下広場に毎週土曜日、ギターを抱えた若者たちが現れ、反戦フォーク集会を開いた。多くの通行人や学生などが彼らと一緒に歌を歌い、西口地下広場は「反戦広場」となった。

の主催者にも、夜のアルタ前広場への合流を参加者に呼びかけるよう頼みました。

新宿・原発やめろデモからアルタ前広場へ

6・11当日、脱原発アクションは全国42都道府県、北は北海道から南は沖縄まで140カ所で行われました。日本からの呼びかけに応えて海外でも、フランスやアメリカ、韓国など12カ国で実施（124ページ参照）。この大きな広がりには本当に勇気づけられました。各地のアクションでは、タイトルに「原発いらね」「やめまい！原発」と方言を使うなど、工夫と個性のあるデモや集会が繰り広げられました。

みんながやりぬいた新宿デモ

僕は、昼は新宿デモのスタッフとして新宿中央公園にいました。2時に集会が始まり、どんどん人が増えました。アルタ前広場では、東電前アクションのメンバーの発案で黄色の風船を膨らませて通行人に配るプロジェクトをやっていました。風船は雰囲気をよくするし、ドイツなどでは黄色が反原発のシンボルカラーだったからです。

僕は、新宿デモの先頭の防衛担当でした。警察からデモ隊を守りつつ誘導する仕事です。課題は、5月7日のデモ（91ページ参照）のように警察に主導権を握られ、デ

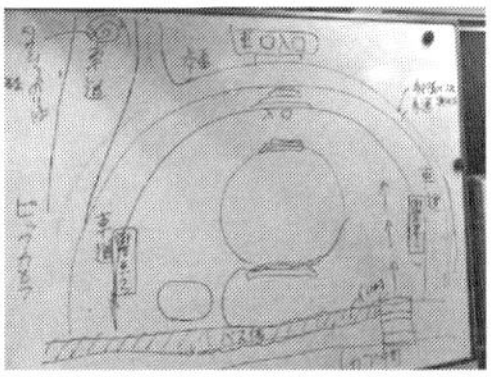

新宿・アルタ前広場を図に書いて相談

モ隊を細かく分断させないことでした。出発前集会が始まってすぐ僕は路上に出て、集会が進むにつれて会場の外や出口近くにいた参加者にはどんどん車道に出てもらうよう呼びかけ、隊列を組み始めました。最初から多くの人が固まりで出られるようにしたかったのです。ドラム隊やバンドが「さあ行こう！」とスタンバイしました。

そしてデモが出発！　マーチングバンドや「福島第一原発」と書かれたドラム缶を先頭に、ジンタらムータ・スペシャル＋ちんどん有志のグループ、新宿フォークゲリラ号、DANCE Blocのサウンドカーに先導されたグループが続きます。僕は、ドラム隊とともにずっと先頭でデモを誘導しながら、新宿西口から東口へと進みました。

隊列ごとにスタイルも異なり、サウンドカーで反原発をアピールしたり、デモコールに続いてシュプレヒコールをあげたり、参加者が自主的にコールをしていったりさまざまな表現で進みました。交差点では、陸橋の上から連帯のエールを送る人々、道路わきでパフォーマンスを繰り広げてデモ隊にアピールする人、歩道からは老若男女を問わず次々とデモへの合流がありました。デモ隊の脇を通る観光バスからも、サウンドカーのＤＪに呼応して「No! Nukes!」の声を上げてデモ隊に共感の意思を伝える人々と、実にさまざまなうねりが複合的に重なり合って進んでいきました。

４時半がアルタ前行動のスタッフの集合時間だったので、それも意識しながら進んでいき、弾圧もなく予定どおりの時間にアルタ前に到着できました。

新宿・原発やめろデモ

アルタ前集会を埋め尽くすデモ隊に感動

アルタ前広場では、すでに宣伝カーが夜の準備を始めていました。新宿駅側では宮部彰さんらがメインカーから、アルタ前広場の中央では、「素人の乱」の松本哉《はじめ》さん（インタビュー121ページ参照）たちが、「みんなで原発を止めよう、これから大集会が始まる」と呼びかけていました。

そこからがすごかった。次々と到着するデモ隊がゴールできるよう場所を確保し、広場になだれ込むデモ隊と一緒に盛り上がり続けました。ドラム隊は、デモ隊がアルタ前に入ってくるたびにドラムを叩いて呼応。リズムに乗って、隊列ごとに違う個性を持った人たちが、熱気いっぱいにゴールしてきます。そして人がどんどん広場を埋めていく。アルタ前を新宿デモのゴール場所にしたのは大成功だったと思います。

6時前には広場は人で埋め尽くされていましたが、さらに新宿駅からも、芝公園や代々木公園出発のデモを終えた人たちが続々とやってきます。また、ものすごい数の歩行者もいます。人波は、警察の規制も車道も呑みこんでいきました。

5時半ごろ、友人がアルタ前広場にある生け垣の上に上がって横断幕を貼り付けました。警察は阻止しようとしましたが、間に僕と知り合いが入って警察を止め、本人も粘って、これを黙認させました。既成事実をつくったのです。そうしたら、みなドンドン上がり始めた。僕も登り、上から見渡すと、まさに広場全体を人が埋め尽くし

参加者で埋まったアルタ前広場

ていました。僕は、「ついにやってやったぞ!!」と涙が出て、「ウォーッ!!」と叫びました。こういうことを実現するために、今までどれだけ警察に跳ね返されてきたか、それでも必死に行動し、呼びかけ、人とつながってきたかを思い出したのです。

解放感に満ちあふれた集会に

6時から、アルタ前広場の3カ所に陣取った宣伝カーの上で、スピーチが始まりました。「素人の乱」の宣伝カーでは、デモに出たミュージシャンが次々と演奏し、みんなで盛り上がりました。新宿駅側のメインカーでは、長年原発に反対してきた人たちや、欧州議会議員でフランス緑の党のミッシェル・リヴァジさん、グリーンピース・インターナショナル事務局長のクミ・ナイドゥさんなどが原発を止めようと感動的な国際連帯のアピール。JR新宿駅の出入り口では、ドラムを叩く人たちをみんなが囲んで、声を上げて踊りながら大盛り上がりでした。デモのあとなので、鳴り物も道具もあり、みんな気分が乗っていたのが大きかった。防衛スタッフも、次々合流してくるデモ隊と一緒に、広場から車道にあふれる人々を規制しようとする警察に対して、「車道に出させろ!」と頑張り続けていました。

リヴァジさんは、フランスと日本は世界に名だたる原発大国だから、両国が脱原発に向かえば大きいから頑張ろうとアピール。郡山市から参加した人は、子どもの鼻血

宣伝カーの上でミュージシャンが演奏

や体調不良が増えていて、放射能の影響がとても心配で不安だと訴えていました。

この様子を、ＴＢＳはヘリコプターを飛ばして生中継したり、アルタ横のビルの上から撮影して中継しました。デモの生中継など数十年ぶりだったそうです。

大きな存在感と可能性を示した市民メディア

またこの日は近くのスタジオで、東電前行動の生中継をしてくれた岩上チャンネルや「our-planet TV」（＊６）「自由報道協会」（＊７）が、昼間の全国デモとあわせてインターネット生中継をしました。せっかく同じ日に日本中でデモが行われるのだからと、全国のデモを一つの画面で同時並行的に生中継し、全国の運動がつながっていることをわかりやすく示すのです。スマートフォンがあれば生中継は誰にでもできるから、そういう取り組みを通して全国各地に市民記者を育てようとしたそうです。

３・11以降、政府とマスメディアが大本営発表ばかり行うなか、市民によるユーストリーム生中継やツイッターでの情報交換が花開いていきましたが、６・11は、その総決算であり、市民メディアが大きな存在感を示した日でもあったのです。

夜空に浮かび上がる「原発を止めろ」の文字

６・11脱原発１００万人アクション＠東京は、政府に向けて３つの要求項目を掲

＊６　２００１年９・11事件をきっかけに設立した非営利のオルタナティブメディア。インターネットを利用してドキュメンタリー番組やインタビュー番組を配信。誰もが映像制作やメディアリテラシーなどを学べるようワークショップも行っている。

＊７　正式名は「日本自由報道記者クラブ協会」。２０１１年１月に発足したジャーナリストの団体。日本全国の公的な記者会見の開放を訴え、記者会見を代行主催する非営利団体。

げていました。
①原発をすべて止めろ、再稼動させるな、新たにつくるな。
②子ども20ミリシーベルトや原発労働者など、すべての被曝許容量の緩和を撤回しろ。
③自然エネルギーへ転換しろ。
アルタ前広場の集会の最後に、この3つの要求項目を発表しました。そのとき、アルタのビジョンに、この要求項目が大きく映し出されたのです。みんな驚きました。アルタ前の宣伝カーから、映像作家がパソコンに打ち込んだ文字をレーザー光線で、ビジョンの上に投射したのです。この演出で、集会の最後が大きく盛り上がりました。

最後に、「素人の乱」の山下陽光さんが「みんなでジャンプしよう！　俺ら自身がこれからのエネルギーだ」と呼びかけ、全員ジャンプ！で締めました。

多くの仲間とつながった感動と興奮

6・11脱原発アクションの全国の参加者数は、最終集計で10万人にもう少しで届く数でした。「原発はいらない！」の声を大きく示せたと思います。

アルタ前には2万人以上が集まり、新宿駅東口に解放区が出現しました。各自の個性と主張がつながる場になったのです。年配の人は昔を思い出しただろうし、若い人は多くの人と高揚感を共有するという体験をして、やればできるという自信になった

別の宣伝カーでも演奏やスピーチが行われた

と思います。それが重要です。僕も、２００３年のイラク反戦デモ――最大５万人集まった――に参加したときの体験が、その後も運動を続ける自信につながりました。

東電前アクションで知り合った大学教員のゼミ生が来ていて、あとから感想を聞いたら「めちゃくちゃ楽しかった」と言っていたそうで、僕は本当によかったなと思いました。また来ようと思うだろうし、自分も何かやってみようと思うでしょうから。デモをイメージだけで敬遠していた人たちに対して、「このアルタ前の反／脱原発行動は社会のど真ん中だ！　面白いんだ！」ということを問答無用で、言葉でなく具体的事実で示せたと思います。だからこそ、隔離された公園ではなく広場が必要だったのです。

この日、宣伝カーが使えるのは午後8時まででしたが、終了後も多くの人は広場に残り、解放感に満ちたこの時間を共有し続けました。ドラム隊はドラムを叩き続け、フリーター労組の人々は独自に集会を開いて被曝労働者の問題などを訴え続けていました。欲を言えば、8時で終わり、ではなく、政府が「原発を廃止する」と言うまで、あるいはエジプトのように現政権が退陣するまで、キャンプを張って抗議を続けたかった。でも、その実現に向けた、大きな第一歩を踏み出したことは間違いありません。

僕も、久しぶりに会う友人知人が数多くいたので、みんなと朝まで飲み会を続けながら、今後の展望について話し合いました。

アルタ前広場のファイナル

6・11が切り開いた成果と課題

大きな社会運動のスタート

6・11が切り開いた最大の成果は、中央集権や組織動員ではなく、個々の自発性に基づいて、さまざまな人たちが歩調を合わせて全国での行動を実現したことだと思います。

3・11以降の「今やらなければ変わらない！」の思いを表現する結集点をつくることができました。異なる問題意識を持った人々が一同に会することができたし、アルタ前行動に参加して「日本でもこんな風景が生まれるのか」と言っている人はたくさんいましたよね。僕は本書でも、日本の若者は怒ること、即座に声を上げる身体感覚が奪われていると書きましたが、6・11ではそうした状況を覆し、巨大な街頭行動を実現できました。これも、大きな成果です。政治家も、東京のど真ん中でやられるのは脅威だと思うんです。「これが永田町になだれ込んだら……」と考えるでしょうから。

世界中の仲間とつながった運動を切り開くために

今後の課題の第一番目は、この全国をつなぐネットワークとアクションを持続し、どのようにして原発の廃止という目的を実現するか、ということです。これについて

個々の自発性と多様性が結実した

は、第4章で詳しく書きます。

もう一つ、僕自身が大きな課題だと思っていることがあります。それは、「反／脱原発で一致しているなら、戦争、差別、排外主義を是認・容認している人たちとも一緒に運動をやっていくのか」、つまり、反／脱原発と戦争、差別、排外主義の思想は共存できるのか／すべきでないのか、という問いかけです。

実は、新宿・原発やめろデモの出発前集会をめぐってトラブルがありました。6・11の2日前に「統一戦線義勇軍」という右翼団体のトップが登壇して発言することが発表され、これをめぐってスタッフ内から異論が出て、議論になりました。「ヘイトスピーチに反対する会」（＊8）からも、それに反対して公開質問状が出されました。彼らは、日本がアジアに対して植民地支配と侵略戦争をしたことや戦時中の日本軍「従軍慰安婦」を否定したり、今も朝鮮・中国への戦争や外国人の排斥を煽っている団体だからです。議論は前日夜中まで続き、最終的に発言を断ることになりました。ところが、当日の出発集会で、彼の登壇を中止にしたことに抗議する男性が日の丸の旗を掲げて壇上に乱入し、発言。僕の知人がそれに反対してマイクを引っこ抜いたのです。

スタッフのなかで、「原発反対を共有できるなら誰でもＯＫ」という、参加者の幅や増加を第一に考える意見と、「原発問題は、戦争や差別、日本の植民地支配の問題

＊8　差別・排外主義と歴史修正主義に対抗する行動や情報発信を行うグループ。「在日特権を許さない市民の会」など「行動する保守」を自称する団体や、大規模化した反中国デモ、日本政府による朝鮮学校の高校無償化からの排除などに反対してきた。

とつながっている。原発反対と差別や排外主義を容認する考えとは相容れない」という意見が鋭く対立しました。僕の意見は後者でした。

しかし、僕の考えと行動は揺れ動きました。第1章で書いたように、僕は戦争と差別に反対であり「ヘイトスピーチに反対する会」の運動にも参加しています。原発を止めるには国際連帯が必要で、外国人を差別し「日本を守れ」とだけ主張する「排外主義」は、反／脱原発とは根っこから矛盾し相容れないと考えています。ただ、新宿デモのスタッフでもあるので、デモの裏方が大変で大事なことも感じていました。悩みながらも、右翼の登壇には反対し、デモスタッフは最後までやりきろうとしました。

その後、運動をともに担うなかで「おかしいことはおかしい」と伝えて議論し続けることにしようと思いました。僕自身も運動の拡大や連携と引き換えに、自分の本来の考えを後退させていたことに気づき、初心を大切にしようと思ったのです。

僕は、運動が拡大し、新しい人が増えることを大事にしたいです。しかし同時に、戦争や差別の問題を放置しては原発を止めることもできない。それは、3・11以降、誰の目にも明らかに露呈した社会の矛盾を根底から変えることができないと思うからです。今、僕たちと反／脱原発運動にとって必要なことは、歴史を知り、他者を想像し、その関係を自らの問題として受け止めて変えていくことだと思います。それを次章で詳しく説明し、一緒に未来を展望したいと思います。

「アジアに原発はいらない、原発輸出も許さない」

interview

【多様化する運動――各団体の主催者に聞く③】

宮部彰さん

「みどりの未来」

「6.11 脱原発 100 万人アクション」の呼びかけに東京で動いた。1953 年山口県生まれ

デモの流れをつなげたい

　3・11は私の誕生日でした（笑）。福島原発事故が起こったのに、統一地方選の準備で各政党に自粛ムードが広がったことに対して、「おかしい、脱原発を訴えよう」と言い続けました。まずデモが必要だと思い、3月27日の銀座デモに参加し、「次は4月24日に芝公園」と聞いたので、NGOの知人と「アースデイ（地球環境について考える日）と同日ですね」と話し合い、エールの交換などでつながれないかと思いました。そこに4月10日の高円寺の「原発やめろデモ」も出てきて、当日行ったらすごい数の新しい人が来ていた。その日は札幌、名古屋、富山などでもデモがあり、人々の声が全国でつながっているとお互いに感じることができれば、脱原発の大きな力になると思いました。

　そこで、震災から3カ月後という一つの節目である6月11日に、原発廃止を求めて全国同時多発デモを呼びかけることを思いつきました。自分も参加していた「福島原発事故緊急会議」や「eシフト」に提案し、「素人の乱」の松本さんにも話すと、「それは面白いね！」と盛り上がり、実現に向けて動き出しました。

　政府、電力業界、マスコミは4月半ばまでは事故にどう対処するのか示していませんでしたが、こちら側にも考える時間が必要だったと思います。私の世代は「責任を感じる」と後悔する人も多いけれど、私は「その前にとにかく動こう。今こそ脱原発だ」と思いました。私はかなりの楽観論者で、事故が長期化することが明らかになったら、逆に政治も世論も脱原発へ向かうはずだと思っていました。

声をかけた多様な団体が4月21日に最初の会議を持ちました。そこで、全国に呼びかけ、誰でもアクションを登録できるサイトをつくることを決めました。次の会議で「呼びかけ団体はなしにする／中心をつくらない」というスタンスが「素人の乱」から提案され、私などのセオリーと違うのでかなり議論になりましたが、そのやり方でいくことに決まりました。結果から見て、脱原発の一点で誰でも動けて行動が広がりやすい妥当なやり方だったと思います。


「原発いらない」の声は日本中、世界中に広がる

東京の6・11は、芝公園デモ、「エネパレ」「原発やめろデモ」の3つがいかに合流するかを追求しました。それぞれの個性を活かすためにも、各自がデモを主催し、夜に新宿アルタ前広場に大集合することになりました。私はたくさん人が集まれば、警察は規制できないだろうと思っていました。


同時開催の全国行動は、北は根室から南は小笠原、西表島まで広がり、直接参加できない人からも「今こそ声を上げたい」「問題を知らなかったことを反省」「子どもの未来のために」「政府や専門家は信用できない」と、賛同の書き込みがたくさん寄せられました。

アルタ前広場では、私はメインステージの進行役でした。街頭宣伝の形を取り、広場にすごい熱気をつくり出せたことがよかった。新しさとエネルギーが必要だし、自分たちが面白くなければ人も動かせません。また、玄海原発の再稼動を先送りできたように、自分たちに状況を変える力があることを実感したら人は動きます。

6・11東京は、「素人の乱」の面白いことを追求して道を拓くエネルギー、芝公園デモの長年の堅実な力、「エネパレ」の親子連れでも参加できるソフトなスタイルというように、お互いの個性を尊重しながら動けたことがよかったのだと思います。また、東京・国立、横浜などローカルスペースでも、「待ってました！」という感じで集会やデモが行われ、そのどこも予想以上の参加者で成功したと報告されています。

海外も、フランス、アメリカ、韓国、フィリピン、台湾など多くの仲間が動いてくれました。自国の課題で動きつつ、グローバルな連帯をつくり、原発を進める「ヤツら」に対抗すること、「多様性を活かしながらどうつながるか」が今後のキーワードだと思います。

脱原発は、避けられない道だと思います。政財界の「すぐには止められない」という恫喝《どうかつ》に負けずに、「できるだけ早急になくす」という運動をすべきだと思います。原発抜きの世界をつくりましょう。そのために、今回初めて動いた人には、「動けば希望が見える」と伝えたいし、6・11以後の政府・電力業界の内部分裂的な動揺はそれを証明できたと思います。

社会のあり方が根本的に問われています。原発推進は経済成長至上主義と常にセットです。でも、「そうでない世界は可能だ！　誰かが動けばみんなが動く！」と思いたい。民主主義は闘い取るものです。自分たちで判断し、責任も取れる民主主義に変えられるかどうかが問われています。

次は震災から半年後の9月11日、その次は1年後の2012年3月11日というように、「ホップ・ステップ・ジャンプ！」で世界中のすべての原発を止めたいですね。

interview

【多様化する運動——各団体の主催者に聞く④】

松本哉さん

「素人の乱」五号店店主

「原発やめろデモ!!!!!」を呼びかけた。1974年東京都生まれ

Photo by 小池延幸

気軽に誰でも声を上げられる場をつくりたかった

原発は前からおかしいと思っていたけれど、事故後はどうしたらいいかわからなくて毎日テレビを見ていまし

た。あのときは高円寺の街からも人が消え、リサイクルショップのモノが売れなかった。

そして3月後半、報道や関心が沈静化してきたことに危機感を持ちました。「事態は悪化しているのに、関心が薄れるのは恐ろしい」と。そこで3月28日、友人に電話して、「なんとかバー」という「素人の乱」の呑み屋に集まり話し合いました。すぐに「サウンドデモをやろうよ！」となり、すごい勢いで準備が進みました。今までサウンドデモや「なんとかフェス」という音楽イベントを積み重ねてきたので、そのデモ仲間や遊び仲間の間での役割分担がハッキリしていたからです。

ＨＰを開設して賛同メッセージを募集し、集会とサウンドカーの出演者に声かけが始まり、福島・南相馬への支援金カンパを集めて現地とつながることや、サウンドカーにエコなてんぷら油を使うといった工夫をしました。

99年の東海村臨界事故のときに近くをバイクで通って遭遇したにもかかわらず、たいして行動しなかったこともあり、今回こそは反対しようと思いました。それに、世間では「原発が必要」という主張も強く、政府や東電の理屈に対して一つひとつ反論したり対案を出さなければ、「原発反対」と声を上げちゃいけないようなムードだった。だから気軽に誰でも声を上げられる場をつくりたかったんです。場所を高円寺にしたのは、自分たちが住んでいる場所から声を上げたかったからです。

デモの呼びかけを始めたら、ツイッターにすごい勢いで広がりました。山本太郎さんや松田美由紀さんやいろんな著名人のリツィートもあった。店に「デモに参加したいんですけど」という電話が毎日たくさん来て、お客さんや配達先の、ふだんは政治の話などしない人にも「デモやるんだって！」と言われました。

４月10日のデモ当日は、集合場所にどんどん人が集まってきて、すごい力を感じました。これまでの運動の枠に収まらない人たちが「原発反対と言っていいんだ！」と思ったんだなと実感しました。自分も「すげぇ！」と感動しました。４月10日を境に高円寺や東京の街が明るくなったようにすら感じました。

インパクトや混乱を与えてこそ世の中は変わる

その後は仲間の間で「1回じゃ終わらせられない、またやろう」となり、自分も「本当に原発は止まるかも」と思い、たたみかけるように5月7日の開催を決めます。そして「次は渋谷の繁華街へ乗り込もう！」ということになりました。

自分は、デモは予定調和で終わっては意味がなく、ある程度のインパクトや混乱を与えてこそ世の中は変わるんだと考えていたので、「言いたいことを言い、タダごとじゃないんだというものを見せたい！」と意気込んでいました。ただ、この日は警察もやたら本気で、隊列が分断され仲間が4人も捕まってしまった。だから次回は参加者全員が1カ所に集まれる場をつくり、自分たちの力を眼の前で実感できるようにしたかったのです。それで6・11は、新宿アルタ前広場をみんなで提案しました。

当日、広場を警察が規制しても、どんどんデモ隊がゴールしてあふれてくるという見たこともない光景を目《ま》の当たりにしました。ただ欲を言えば、車道も埋め尽くされたほうがよかった。自分はアルタ前の宣伝カーの司会を担当していたので、盛り上げることに徹しました。6・11後、それまでと打って変わって取材に来るようになったマスコミを見て「脱原発に流れが変わったな」と思いました。

自分のホームタウンは東京だけど、事故の起きた今、反原発を世界に広めようと思っています。日本各地、そしてドイツ、韓国、台湾にも友達ができたから、いざとなったらどこへでも行って行動をともにする仲間を増やしたい。一緒に動きたいです。

原発がいかなるものであるかはっきりした。だから、原発推進派に押し切られたら終わりですよ。自分たちで自分たちのことを解決する力がゼロだと世界に見られてしまう。「反対していたのに、いつのまにか賛成の流れができて進んでいっちゃった」という歴史を繰り返さないようにしたい。そのためにはデモをたたみかけたいし、もっともっと予測不能なことをやりたい。それが現実を変える力になるのですから。

■愛知【脱原発100万人アクションinあいち】
■岐阜【さよなら原発パレード ぎふ】
■新潟【6.11脱原発 原発いらん！新潟パレード】
■富山【6.11 シフトエナジー脱！原発サウンドデモ in とやま】
■石川【311以降をどう生きるか?!「ミツバチの羽音と地球の回転」上映会】（内灘）
【シール投票『志賀原発の運転再開、YES or NO』】（金沢）
■福井【フクシマと共に6.11パレード】
■三重【「原発卒業えじゃないか」パレード】
■滋賀【さよなら原発！高島パレード】
【2011脱原発市民ウォークin滋賀】（大津）
■京都【脱原発・エネルギーシフトをめざして～ LIFE FOR LOVE 京都ピースウォーク～ 6/11】
【6.11原発ゼロアクション in KYOTO】
【バイバイ原発ピースパレード＆デモof舞鶴】
■大阪【原発いらん！関西行動 第2弾 －関電は原子力からの撤退を－】
■兵庫【THINK FUKUSHIMA いのちを考える神戸パレード】
■鳥取【連続学習会（第3回）放射能とどう向き合うか ～福島原発事故を体験する中で～】
■島根【6・11脱原発100万人アクションin松江】
■岡山【エネパレ6.11岡山（脱原発エネルギーシフトパレード）】
■広島【原発のうてもえーじゃないBINGO ！】（福山）
【脱原発100万人アクション in ヒロシマ】（広島市）
■山口【6.10原発なしで暮らしたい！ 上関ピースウォーク】
【6.11脱原発 100万人アクションin 山口】
■徳島【みつばちパレード】
■香川【6.11脱原発100万人アクションin香川】
■愛媛【soundDemo Goodbye NUKES in 四国 supported by 原発さよなら四国ネットワーク】
■高知【脱原発100万人アクションin高知】
■福岡【脱！原発 サウンドデモ in 福岡】
■熊本【～さよなら原発～ パレード ＆ 野外ライブ in 熊本】
■宮崎【脱原発サウンドデモin福岡に向け宮崎から出発バスツアー】
■鹿児島【げんぱつ いらないパレードinかごしま】
■沖縄【映画『ミツバチの羽音と地球の回転』石垣島上映会】
【6/11 @那覇こどもパレード「げんぱつまちがいせんげん」】
【6.11脱原発100万人アクション・オキナワ】
【原発いらない 西表島アクション】
【6.11サウンドデモ与那国島】

〈海外〉
■韓国【No Nuke Action Day】
■香港【原発反対宣言，署名活動、中電本社（香港の電力会社）へのパレード】
■台湾【故郷をフクシマにするな、6.11全台湾反核行動】
【台湾国会包囲アクション～デモ・集会・抗議活動】
■フィリピン【Partido Kalikasan - マニラ中心街デモと反核の広報集会】
■インドネシア【"No Nukes" demonstration】
■ニュージーランド【Now!! start action☆@ Whitianga NewZealandparad at Allbert St.】
■オーストラリア【キャンベラの国会議事堂でデモ】
■ドイツ【ブロックドルフ原子力発電所で、資材搬入を阻止する1週間の座り込み】（ゲッティンゲン）
【エネルギーの未来を考える勉強会】（ベルリン）
■ベルギー【エレクトラベル（ベルギー電力会社）の支社でデモ】
■フランス【Journé d'action nationale pour sortir du nucléire（パリレピュブリック広場から、オテル ド ヴィルまで14時から16時までデモ行進。その後、20時まで反原発をテーマとしたコンサートなどを行う）】
■アメリカ【No Nuke Action NYC -】
【No Nukes Action 6.10】（サンフランシスコ日本総領事館前）
■カナダ【6.11 原発さよなら祭り】（モントリオールロイヤル公園）
■ハワイ【Kava Peace Festival@Old Airport Pavilion, Kailua Kona, Hawaii】

（6.11脱原発100万人アクションHPより）

【資料4】6.11 脱原発 100 万人アクション一覧

■北海道【6.11 NO NUKES ASAHIKAWA なのはなウォーク】
【バイバイ大間原発はこだてウォーク②！】

【ピースウォークイン伊達】

【脱原発お茶会（@長万部町北海道山越郡長万部町元町79-1 民宿シャマンの里 食堂）】

【歩こう脱原発！子供たちを放射能から守ろう！ in 江別】

【守ろういのち、目指そう脱原発/のんびりウォーク in 上士幌】

【苫小牧脱原発デモと反核LIVE ！】

【6.11 さっぽろピクニックデモ】

【6.11 脱原発を求める100万人アクションIN 釧路】
■青森【6.11 反原発！ PEACE DEMO in あおもり】
■秋田【原発反対秋田デモ】
■宮城【6.11 SENDAI 大規模仙台脱原発デモパレード】
■山形【「持続可能な社会を考える」学習会 エネシフカフェ】
■福島【『チェルノブイリのその後～ FUKUSHIMAの子供たちへのメッセージ～』広河隆一 講演会】（いわき）
【A-day『愛と祈りのなたね粘土団子』原発被災地プロジェクト】（南相馬）
【6.11 原発いらね！郡山パレード】
福島アクション【from 福島“わたしの主張”6.11】（福島市）
【東京に福島の声を届けよう バスツアー】（福島→新宿アルタ前広場）
■茨城【6.11 脱原発100万人アクションinつくば】
【原発いらない！講演学習会inつくば】
【6.11 脱原発100万人アクションin千波湖】（水戸市）
■栃木【原発いらない！宇都宮デモ】
■群馬【原発なくてもエエジャナイカ大行進第2弾】
■埼玉【6.11 100万人アクション埼玉行動】（浦和）
【全原発の即時廃止を！ 6.11 反原発デモin埼玉】（大宮）
【つながる未来予報】（北浦和）
【「うんざり。原発いらない 越谷、草加」集合場所でのフリートークとアピール行進】
■千葉【被災者支援エネルギーダイエット・アクションin松戸】
【原発なくせ！ 6.11アクション】（千葉市）
【東日本大震災チャリティライブ】（千葉市）
■東京（デモ・パレードのみ）【6.11 新宿アルタ前アクション】
【6.11 新宿・原発やめろデモ!!!!!】
【くり返すな！ 原発震災 つくろう！脱原発社会 6.11 集会＆デモ】（芝公園）
【第3回 エネルギーシフトパレード】（代々木公園）
【「原発どうする！たまウォーク」in国立】
【6.12さよなら原発！小金井パレード～子どもといっしょに歩こう～】
【原発にさよなら ゆっくりウォーク in こだいら】
【6.11 脱原発100万人アクションIN町田】
【6・11 脱原発100万人アクション「えどがわ未来ウォーク」】
【核・げんぱつのない未来を子ども達に@練馬・大泉】
【6.11 脱原発練馬アクション】
【みんなで話そう、放射能のこと！】（八丈島）
【ぶんぶん通信上映会】（小笠原村）
■神奈川【鎌倉パレード「イマジン（想像しよう）原発のない未来」】
【「6.11 脱原発100万人アクション神奈川」パレード さよなら原発 エネルギーシフトなう 子どもの未来のために歩こう!】
【原発とめよう！ 100万人アクションin Yokosuka】（横須賀）
【脱原発グリーンパレードinはだの！】
■山梨【さよなら原発・大行進】（甲府）
【はじめのいっぽパレード ～踏み出そう!!その一歩が世界を変える～】（長坂）
■長野【震災三ヶ月めの祈りと原発なくてもええじゃないかアンプラグドサウンドデモ松本☆】
【第二回「反原発in長野」デモ】（長野市）
【げんぱついらない IN 佐久 6.12大行進】
【NO NUKES 上田～上田でも行進～】
■静岡【菜の花パレードはまおか】（静岡市）
【浜岡原発を廃炉へ 6・11 やめまい！原発・浜松ウォーク】

call for action
NO NUKES
Make your voice heard!

いら
ねえ

脱原発

DANGER
Radiation
ATOMKRAFT?
NEIN DANKE
脱原発
NO NUKES

原子力?

Photo by Yukari M
松原明（レイバーネット）

第4章　原発を止める、社会を変える

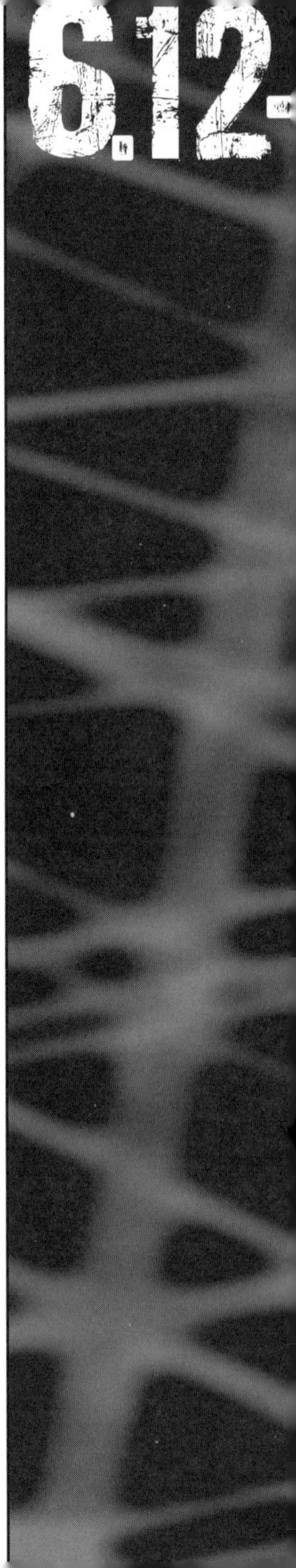

【6月18日】
●海江田経済産業相が「福島原発の事故処理は適切に実施されている。停止中の他の原発も再稼働は可能」と発言
◎番外編「海江田前アクション！」（14時〜）。四谷の海江田事務所に抗議行動
【6月25日】
●福島の住民15人の尿から放射性セシウムが検出されたと鎌田七男広島大名誉教授が発表
【6月26日】
●経済産業省が佐賀の玄海原発2、3号機の再開に向けた説明会を開催（のちに九州電力による関連会社へのやらせメール事件発覚）
【6月28日】
●東京電力の株主総会に約9300人参加。402人の株主が「原発撤退」を提言し、過去最大の支持を集めたが、最終的に否決された
【6月29日】
●佐賀県の古川知事が玄海原発2、3号機の運転再開を容認する姿勢を示した
◎九電本店前などで激しい抗議アクション
【7月6日】
●国と経産省が全原発の「ストレステスト」実施を発表
【7月8日】
◎番外編「九電前アクション！」（14時〜）。有楽町の九州電力東京支店に申し入れと抗議行動

【7月22日】
●民主、自民、公明が「原子力損害賠償支援機構法案」の無限責任原則を見直し、原発事故の賠償負担に上限を設けると発表。8月3日、賛成多数で成立
◎第18回東電前アクション（17時〜）。東電に原発作業員やすべての被害者への補償を求めた。経済産業省にも泊原発再稼働反対の申し入れ
【8月6日】
◎「原発やめろデモ」。日比谷公園↓東電前↓銀座↓新橋。新橋SL広場で集会。3人不当逮捕
【8月17日】
●北海道の高橋知事が泊原発3号機の再稼働を容認

根本問題を見つめる

原発と核兵器、そして戦争の問題

原発事故は「核」の本質も露呈させました。

原子力はウランやプルトニウムの核分裂現象を利用するため、「死の灰」と呼ばれる放射性廃棄物が必ず生成されます。たとえ事故が起きなくても使用済み核燃料は増え続け、どこかに隔離保管する必要があります。なんと、100万年にもわたって放射能が環境に漏れ出ないように管理しなければならないといわれています。青森県の六ヶ所村再処理工場に50年間をめどに一時的に貯蔵していますが、100万年も

「原発＝暴力」

安全を確保できる保管場所は、地球上のどこにもありません。「死の灰」の後始末は、人間の手には負えません。未来の世代に問題を先送りし、犠牲を強いることになります。

では、なぜこんな危険な原発がずっと存続し、増設され続けてきたのか。そして、この国の政府は、なぜ「安全だ」などとウソを言い、責任逃れに終始するのか。

そもそも原子力技術は、核兵器開発のなかから生まれました。「核の平和利用」との触れ込みで、日本にも導入され、1954年に原子力開発予算が組まれ、55年には原子力基本法が制定されました。当時、世界は東西冷戦体制下にあり、アメリカと旧ソ連が、核兵器開発競争を激化させていました。日本はアメリカの核ブロックに組み込まれていました。こうした状況下、原子力開発は、国家プロジェクトとして出発したのでした。原子力技術の「平和利用」と軍事利用は技術的に切り離せないことから、出発時から原子力産業では「秘密主義」が貫かれていたといわれ、これが今に至っています。

プルトニウムを取り出せるシステムがあれば、いつでも核武装できます。日本が原発を推進してきた裏側にはそういう政治的な意図もあったといわれています。石原慎太郎都知事が「原発は核武装のためにも必要」と発言（＊1）したことも知られています。現に、使用済み核燃料のウランは、武器に転化し再利用されてきました。「劣化ウラン弾」です。爆発だけでなく放射能もまき散らす小型兵器です。これを米軍は、

＊1　2011年6月28日にAFPが行ったインタビューで、「日本には原発がまだ必要だ」「北朝鮮、ロシア、中国という近隣国の存在を考慮すると、日本は核武装するべきだ」と語った。

湾岸戦争、アフガン戦争、イラク戦争で大量投下しました。その結果、90年代初めから障がいを持った子どもが数多く生まれました。日本もそれらの戦争に協力してきたのです。僕らは、放射能が自らの上に振り注いだときの危険性を知らなかっただけでなく、世界中で人が核によって殺されていることや、日本が他国の人を殺してきたことにも無自覚でした。

日本は、ヒロシマ、ナガサキを経験しています。人々のなかには、核への拒否の意識が強かったと思いますが、政府、マスコミの「核兵器ではなく、核の平和利用だ」というキャンペーンが功を奏し、原発を「未来のエネルギー」として受け入れていったのでした。１９５０～60年代は、科学信仰が強かった時代ですから、そうした時代の空気も、原発を積極的に受け入れる背景にあったのでしょう。原発の持つ負の側面は隠されていきました。

なぜ原発を止められなかったのか

もちろん、日本でも反原発運動はありました。１９７０年代から80年代にかけて、原発が誘致された地域では、賛成派と反対派が村や町を二分しました。現在原発が立っている地域のなかにも、原発建設に反対する激しい闘いがありました。70年代は、反公害の住民運動が盛んになったころで、反原発運動もこうした運動と軌を一にし

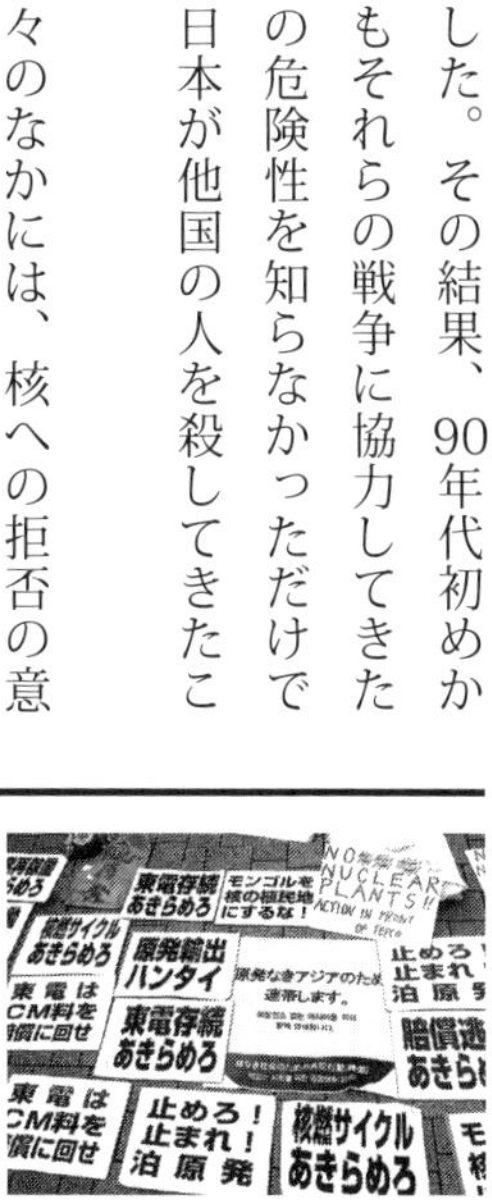

原発は核兵器の問題、戦後史の問題

て、デモや座り込みなど直接行動を展開しました。しかし、政府と電力会社の絶大な金力、宣伝力によって、押さえ込まれていきました（今も闘いを続けている地域もあります）。

それは、1986年のチェルノブイリ事故を契機として広がった反原発運動についても同じです。政府や電力会社、推進派の学者は「日本ではこんなことは起こりません」と言い続け、このときも「原発がなくなったら電気が足りなくなる。電気を使いながら、反対運動をするのはおかしい」というキャンペーンを張りました。やがて、食品の放射線量は低下したと報道されて、運動は退潮していきます。

なぜ、このときに原発を止めることができなかったのか、僕らは今、その原因を考えて、これからの運動に活かしていかなければならないと思います。そのためにも、僕も含め若い人は過去のことをもっと知らなければならないし、年配の人は、体験したこと、過去の運動のことを積極的かつ誠実に語ってほしいと思っています。

歴史を振り返り、事実を知るということ

3・11で、今まで政府や電力会社の原発推進のキャンペーンに疑問を持たなかったことを反省した人は多いと思います。自分たちが誰に煽られてきたのかということ、自分たちは誰を差別し、何を見つめずにきたのかということを考えるときです。それ

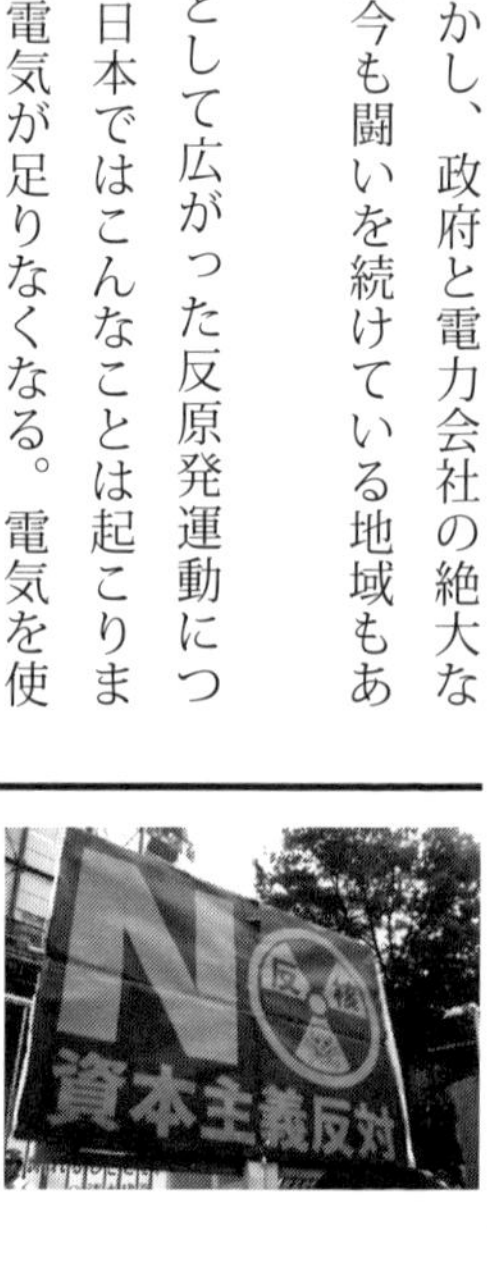

原発や被曝労働は資本主義の問題

が、真に問題を解決していくことだと思います。歴史のなかに今回の事態と自分たちを位置づけ、根本にある問題を見つめることが必要です。歴史を振り返り、事実を知ることは、政府のウソを暴き、プロパガンダを打ち破る大きな力になります。

3月の原発事故の直後に軍隊やナショナリズムが強調されたこと、原発を地方の過疎地に押しつけていることを、第1章で指摘しました。それは事故を隠すためだけでなく、原発問題が戦争や差別という国家が生み出す「暴力」の問題といかに関係が深いかを表していると思います。そして原発利権の根深さや、被曝してでも働かざるをえない労働者の存在は、経済体制＝資本主義の問題でもあります。原発問題は、沖縄の基地問題や過去の戦争責任の問題、今の戦争協力、差別、貧困の問題と同じ根っこを持っていることがわかってきます。原発を廃止することは、原発を推進してきた国家体制＝差別構造を変えていくことでもあるのです。だからこそ、戦争、貧困、差別などにも反対していくことが必要なのだと思います。

そのためには、3・11以前から被曝を受けてきた原発労働者（その多くを占める日雇い労働者）や、ずっと「非常事態」のなかで生きてきた沖縄の人々、在日朝鮮人、アフガン、イラク戦争の被害者たちともつながる必要性があると僕は考えています。過去と現在の戦争と差別の実態を知り、つながり、ともに行動することこそ、根深い差別構造を解体し、僕たちの理想とする社会をつくる第一歩になるのだと思います。

原発と戦争や差別の問題はつながっている

今、やらなければならないこと

再稼働問題と、原発をなくすための新たな責任追及

僕は、原発事故の責任を明らかにしていくために東電前に立って、毎日突っ走りました。全国に反原発デモが広がりました。メディアでも政府、東電が批判されるようになり、「脱原発」「自然エネルギーへの転換」の動きも出てきました。その結果、原発存続の世論が強かった4月ごろに比べ、世論も逆転してきました。

しかし、6月18日の海江田経済産業相発言を機に、佐賀の玄海原発や北海道の泊原発など、原発再稼働の動きが出ています。国家権力を握る原発推進派の巻き返しです。

事故直後から輪番停電が行われ、「原発が稼動しなければ電力が不足する」というキャンペーンが張られてきたことが、私たちの意識にも影響しています。でも、電力より命のほうが大事に決まっています。福島の被害実態をメディアが正確に伝えていないことが問題です。海外メディアは、防護服をガチガチに着た検査員に、普段着の子どもが検査を受けている様子や、家畜の死体写真などを即座に報道しました。放射能は人体も自然も破壊し、人がそこに住めなくなり生活と仕事を失ううえに、汚染は広がり、世界中にばらまかれます。今や福島からの放射能は成層圏にまで及んでいるといいます。こういった実態を明らかにして情報を共有することが、電力不足キャン

6月28日、東電株主総会前での抗議集会

ペーンをはじめとした推進派の宣伝戦に対抗する最大の手段です。

実際、原発がつくる電気は全電力の3割であり、原発を止めても電気はその他の発電でまかなえます。２００４年に東電が管理するすべての原発を止めた際にも、電力不足による停電は起きませんでした。

海江田経産相が原発再開を口にした6月18日、東電前アクションの仲間は即座に、東京・四谷にある海江田事務所に申し入れに行きました。その後、佐賀の玄海原発や北海道の泊原発運転再開の動きが出た際には、7月8日に東京・有楽町の九州電力東京支店へ、22日には東電と経済産業省に抗議と申し入れをしました。従来、原発による雇用や利権からなかなか反対運動が広がりにくかった現地の運動ともネットでつながり、同時行動の取り組みを少しずつ開始しています。権力側は世論の動向を見て動いています。運動が大きくなれば流れは再度逆転し、再稼動も止められるはずです。

8月3日、東電の賠償額に上限を設ける法案が国会の賛成多数で成立してしまいました。事故の長期化による内部被曝の責任は何より政府と東電にあります。そもそも原発を推進してきた権力者が補償政策も決めているのはマッチポンプであり矛盾しています。事故の被害者であるすべての生産者と避難住民に対する完全な補償が必要です。

原発を動かした責任者はどこまでも責任追及がされるという実績づくりが、再稼働を止めることにもつながります。知恵と労力を総動員して加害責任を追及しましょう。

7月22日、原発再稼動反対アクション

内部被曝問題と汚染地域からの避難

福島原発事故の長期化に伴って、食品と水の汚染は深刻化し、内部被曝が拡大しています。政府は予算を投入してすべての食品の汚染状況を調査して情報を開示し、被害を受けた生産者に対しては全面的に補償しなければいけません。住環境の汚染状況も、全地域の放射線量をきめ細かに調べて発表すべきです。その場しのぎの「安全」キャンペーンはもはや破綻しています。

最大の被害者は福島の人々です。鼻血やだるさなどの被曝の症状が出ていると聞きます。福島市と郡山市は30㎞圏内並みに放射能が高いところもあり、今すぐ避難が必要なのに、両市あわせて約60万人が暮らしています（２０１１年7月現在）。首都圏には３３００万人がいますが、だんだん放射能が蓄積されています。

もちろん人は、愛着のある場所をそう簡単には捨てられません。僕も東京には愛着があります。避難するかどうかは、一人ひとりが大切な人たちと相談しながら判断することです。しかし、「放射能は怖い、危ない」とオープンに話せない雰囲気があり、しかも仕事を失う危険性があるので、避難したくてもできないといった状況があります。自分で最善策を決めるための前提が成り立っていません。政府、東電は、直ちに自主避難者への補償もすべきです。

政府は、避難をすすめるどころか、放射能の摂取量の基準値を引き上げ、いまだに

ガイガーカウンターで放射線量の変化を自分たちで調べる

「これを食べても直ちに健康に異常は出ない」と繰り返し、テレビは「野菜の放射能をどう洗い流すか」などと放送しています。関東や福島の学校では、給食で福島の牛乳や野菜を子どもにむりやり食べさせる、といったこともやっています。これは、「みんなで被曝すれば怖くない」という恐ろしい玉砕論です。

一方、強制避難させられた人たちの多くは、関東など各地の避難所をたらいまわしにされています。やっとのことで公営住宅などに住まいを構えることができた人たちも、生活用品は不足し、乳児や子ども、高齢者など社会的弱者への支援も十分ではありません。そして何よりも、知らない土地で、孤立しています。避難者と地域住民が交流する機会も限定されています。もっと僕たちの側から交流を深めてどんなことに困っているかを聞き、避難者と一緒に自治体に働きかけていくことも必要でしょう。

今なすべきことは、反/脱原発の取り組みだけでなく、汚染地域からの避難と、それを支える連帯をつくり出すことです。震災発生直後から、子どもやその家族の受け入れのプロジェクトにたくさんの人々が取り組んできましたが、地域に根差して生活してきた人々の避難には、社会全体での支えが必要です。福島でも、「放射能から子どもを守る福島ネットワーク」やＮＧＯなどが、住民の「避難の権利」、すなわち自らの被曝のリスクを知る権利や、自主避難した場合に補償等が受けられる権利を確立するための措置を求めて、対政府交渉を行っています。

自主避難者に賠償を求める文科省アクション

連帯と自律の動き

東電前アクションにも福島からの避難者が参加しています。福岡の九州電力本店前での座り込みでは、九州に避難してきた福島の人が集まり、交流できるカフェも開かれています。僕も6月26日に福島市の反原発デモに行き、現地の人と一緒に歩きました。6月5日にいわきへボランティアに行ったときも現地の人と微力ながら交流し、東京からの情報を手渡すことができました。また、「原発やめろデモ」に参加している知人のパンクバンドの人たちは、被災地や福島の避難地域に物資を届けに行く「ヒューマン・リカバリー・プロジェクト」（＊2）を行い、「なんでもない人らによる区別なき支援」を掲げています。

僕たちは政府や自治体のプロパガンダに振り回され、放射能に怯えるだけの存在ではありません。子どもを持つ人たちを中心に飲食物の放射線量の情報を交換し、集会を開き、自治体に情報公開を迫る取り組みも全国で増えています。関東中の砂場の放射線量を計測して発表するというプロジェクトをやっている仲間もいます（＊3）。ガイガーカウンターを買って、住んでいるところの放射線量を計測する人も増えました。3・11の前は僕たちの多くが政府や企業任せにしていたことを自分たちでやり始めたのです。それは国家と資本主義に縛られてきた僕たちが新しい世界をつくる機会でもあり、人は本来、食糧、居場所、人間関係を自由に切り開いていけるのです。

＊2　東京のバンド仲間独自の被災地支援として始まる。3月24日、機材車に物資を積んだ第一便が仙台バードランド、石巻に向けて行動開始。多くの仲間から集まったカンパや支援物資を行政の手の及ばない被災地域へとダイレクトに運んでいる。

＊3　「東京砂場プロジェクト」。関東のすべての児童公園の砂場で放射線量を計測し、計測値を公開・検証するプロジェクト。情報交換、計測器のシェアの枠組みづくり、みんなが放射線計測の方法を共有するための放射線計測講座の開催なども。

福島市での反原発デモ

汚泥や焼却灰からも放射能が出ている今、下水処理場やゴミ処理場で働く人も大量に被曝しています。雨の日も風の日も外で働き続ける建設作業員やガードマンも被曝しています。仕事に縛られて、避難や放射能のことを考える余裕のない人が数多くいることでしょう。しかし、そもそも放射能を浴びながら毎日働くことが異常なのです。福島原発の作業員だけでなく、今後はさまざまな職場で、被曝のことも含めて労働安全衛生の取り組みを行っていく必要があるだろうと思います。僕は、原発廃止や被曝への完全補償を求めて、労働者全員が職場を放棄する「ゼネラルストライキ」をやれば、要求が実現されるのではないかと思います。ドイツやフランスでは、今回のような大事故が起きたなら、おそらくゼネストをすると思います。そして原発事故に責任のある政府、電力会社への責任追及と補償を求めるでしょう。

深刻な事態のなかからどれだけ希望をつくり出せるか、福島の人たちとつながりつつ、僕たちも創意工夫をして取り組んでいきましょう。

世界は変えられる

民主主義の実現とエンパワメント

僕も昔は、人と関係を結んだり感情表現をすることが苦手でした。まして、自分た

福島の住民の切実な思い

ちの力で世界を変えられるなどとは思ってもみませんでした。日本社会でそのように感じている人は本当に多いでしょう。でも、僕は社会運動に参加し、変わりました。問題の根源を学び行動するなかで、僕たちは無力じゃない、他者は信頼できる、怒りを表現することで現実は変えられると実感できたのです。

一般に、若い世代には、時間、体力、エネルギーがあります。それは未来を変える起爆剤となる行動を生み出すかけがえのないものです。あまり細かいことを気にせずに、思いきりよくどんどん直接行動をして闘いましょう。そういう闘いは、仲間との助け合い、善意、信頼関係が生まれるものでもあります。だからこそ声を上げるなかで、協力し合い新しい生き方をつくることを当たり前にしていきましょう。

今回の事故で、政府・権力は人々の生活やいのちよりも自分たちの権益や格差と貧困を生み出す経済体制を守ることばかり考え、腐敗し切っていることが明らかになりました。それは選挙で選んだ議員に政治を任せるという議会制民主主義が一つの限界に来ている結果でもあります。今の政治・経済の中心を担っている人たちより、反原発を訴えてきた良心的な学者、市民運動やＮＧＯやインターネットメディアで活動する人々、そして、今回の原発事故を機に声を上げ、動き始めた人々のほうが、知識もビジョンも行動力もあることが明らかになってきたのではないかと思います。一人ひとりが大切にされ、協同して生きる社会をつくろうとしているのです。

民主主義を求めるスペインの大規模な街頭座り込み

そうした新たな動きを6・11の新宿アルタ前広場のようにつなげていき、大きな力を得て現実を変えられる場をつくりましょう。そのとき既存の政府を大きく動かし、要求を実現できるようになるし、私たちが未来をつくる力を手にすることができます。

政府・権力の腐敗は世界中で見られる現象であり、それが生み出す大きな被害を乗り越えようと頑張っている仲間は世界中にいます。3・11の少し前のエジプトでも、ムバラク大統領の退陣を求めて、タハリール広場に大勢の人が集まり議論や抗議行動をしました。テントを出して泊まり込み、食事を分け合うなど、協同と自治の空間が広がっていきました。余波はアラブ中に広がっています。僕は、セネガルやフランスでそうした運動をつくり出してきた人々と会い、日本で反／脱原発運動のなかでさまざまな人々に出会って、日本でも人々の手による政治や社会をつくることはできるという可能性を感じています。みんなで総合的な変革をめざし、僕たちの望む未来をつくっていきましょう。それが、すべての原発を廃止する道でもあると思います。

新たな問題が生まれたら、僕はまたいつでも東電前に立ちます。9月11日には、6・11のような全国アクション（＊4）が予定されていますし、その先も多くの人と協力し合いながらやっていきます。小さな集会や抗議行動で、大きな集会・デモで、会いましょう。今は全国どこでも毎週デモがあり、毎日新たな出会いが生まれています。僕も動き続けていきます。みなさんもぜひ、一緒にやりましょう。

＊4　「9・11再稼働反対・脱原発！全国アクション」は、6・11の続きとして全国に行動を呼びかけている。東京では経済産業省を包囲する1万人の「人間の鎖」や各地でのデモが予定されている。また「さよなら原発1000万人アクション」は、9月11日から10日間を脱原発アクションウィークとして、全国各地で集会やパレードなどのイベントを呼びかけている。東京では9月19日13時半から明治公園での集会とパレードを予定。

新宿アルタ前に映し出したみんなの思い！

【参考図書・URL】

『隠される原子力・核の真実』小出裕章（創史社）
『新装改訂 原発被曝列島—50万人を超える原発被曝労働者』樋口健二（三一書房）
『原子力に未来はなかった』槌田敦（亜紀書房）
『インパクション180号』「特集　震災を克服し原発に抗う」（インパクト出版会）
『たんぽぽ舎メールマガジン 地震と原発事故情報』
http://www.tanpoposya.net/main/index.php?id=204
『no more capitalism』（小倉利丸さんブログ）「原発は資本と国家の狂気である」
http://alt-movements.org/no_more_capitalism/modules/no_more_cap_blog/details.php?bid=105
『東電前アクション』
http://toudenmaeaction.blogspot.com/
『麻生邸リアリティツアー事件国家賠償請求訴訟団』
http://state-compensation.freeter-union.org/
『新宿ど真ん中デモ』（「沖縄を踏みにじるな！緊急アクション実行委員会」）
http://d.hatena.ne.jp/hansentoteikounofesta09/
『ヘイトスピーチに反対する会』
http://livingtogether.blog91.fc2.com/

ボクが東電前に立ったわけ——3・11原発事故に怒る若者たち

2011年9月1日　第1版第1刷発行

著　　者　　園　良太
発 行 者　　小番　伊佐夫
発 行 所　　株式会社 三一書房
〒101-0051 東京都千代田区神田神保町3-1-6
Tel：03-6268-9714
Mail：info@31shobo.com
URL：http://31shobo.com/

編集協力　　杉村　和美
装丁・本文デザイン　　野本　卓司
D　T　P　　東京キララ社
印刷・製本　　株式会社 厚徳社

ISBN978-4-380-11001-6